지구와 생명의 역사는
처음이지?

과학이 꼭 어려운 건 아니야 ❸

지구와 생명의 역사는 처음이지?

곽영직 지음

북멘토

지구와 생명의 역사:
우리가 누구인가에 대한
답을 찾아가는 이야기

나는 사람들과 어울려 일을 벌이는 것보다는 혼자 조용히 자료를 조사해 정리하고 글쓰는 것을 좋아하는 편이다. 30년이 넘게 과학 관련 책을 번역하거나 쓸 수 있었던 것은 나의 이런 성격 때문이었을 것이다. 그동안 많은 책들을 번역하거나 쓰면서 이 일들이 후에 내가 꼭 쓰고 싶은 책을 쓸 때 도움이 될 것이라는 생각을 많이 했다. 언젠가는 책으로 정리하고 싶은 내용이 몇 가지 있었기 때문이다.

그중 하나가 지구와 생명의 역사를 일목요연하게 정리하는 것이었다. 우리가 살아가고 있는 지구가 언제 어떻게 생겨났는지, 생명체가 어떻게 존재하게 되었으며, 인류가 언제 어떻게 나타나 우리로 발전했는지를 알아보는 것보다 더 중요한 일은 없다고 생각했다. 그것은 우리가 누구인가에 대한 대답이 될 것이었다.

내가 신학이나 철학을 공부했다면 다른 방법으로 답을 찾으려 했을 것이다. 그러나 평생 과학을 공부해온 나로서는 과학에서는 이런 것들을 어떻게 설명하고 있는지 정리해 보고 싶었다. 과학이 의문에 대한 답을 모두 제공하지 못한다는 것은 알고 있지만, 현재까지 인류가 알아낸 지구와 생명의 역사를 정리해 보는 것만으로도 큰 즐거움이 될 것이라고 생각했다.

그러나 지구와 생명의 역사를 정리하는 일은 생각처럼 쉽지 않았다. 지구와 생명의 역사와 관련된 자료들의 내용은 연구자들에 따라 모두 조금씩 달랐고 해마다 새로운 내용들이 발표되었다. 많은 자료들 중에서 어떤 자료를 받아들여야 할지를 결정하는 것은 어려운 일이었다. 서로 다른 내용을 비교해 가면서 수없이 많은 표를 만들어 보았지만 혼란스럽기는 마찬가지였다. 여러 가지 다른 자료들을 종합하여 일목요연한 지구와 생명의 역사를 정리하는 것이 불가능해 보이기도 했다. 그러나 새로운 연구 결과가 발표될 때마다 달라지는 연도와 같은 지엽적인 내용에 구애받지 않고 지구와 생명 역사의 큰 그림에 주목하자 그동안 읽고, 번역하고, 정리했던 자료들이 제자리를 찾아갔다. 따라서 지구가 형성될 때부터 현생 인류에까지 이어지는 지구와 생명의 역사 이야기를 할 수 있게 되었다.

이 책에서는 내용이 다른 여러 가지 자료 중에서 한 가지를 선택하기보다는 너무 복잡하지 않는 범위 안에서 여러 가지 다른 학설이나 견해들을 비교하면서 정리하려고 노력했다. 이제는 받아들여지지 않는 이론이라도 중요하다고 생각되는 것은 소개했다. 과학에서는 결과보다 새로운 지식을 알아가는 과정이 중요하다고 생각했기 때문이다.

자료마다 다른 연대에 대해서는 크게 마음 쓰지 않기로 했다. 지구의 역사에 등장하는 연대들은 대부분 상당한 정도의 오차를 가지고 있으므로, 측정 방법과 오차 범위를 밝히지 않은 자료나 연대는 정확한 자료라고 할 수 없다. 따라서 오차 범위를 벗어나는 큰 숫자만 틀리지 않는다면 그다지 문제가 되지 않는다고 생각했다. 다만 이 책 안에서는 일관성을 유지하려고 했다. 예를 들어 지구가 형성된 시기를 45억 4000만 년 전이라고 설명한 자료도 있고, 45억 7000만 년 전이라고 주장하는 자료도 있을 때 45억 7000만 년 전을 선택해 이 책에서는 그 연대만 사용했다.

이 책을 중학생들도 읽을 수 있는 지구와 인류의 자서전 같은 책으로 만들기로 한 것은 아직은 어린 손자들이 중학생이 되었을 때 읽을 수 있는 책을 만들고 싶어서였다. 따라서 복잡한 내용은 과감하게 생략해 부담 없이 읽어나갈 수 있도록 했다.

그러나 도표나 그림에는 조금 복잡한 내용도 포함시켰다. 표나 그림을 통해서 더 많은 내용을 이해할 수 있고, 앞으로 더 알아보고 싶은 내용을 확인하게 되었으면 하는 바람 때문이었다. 따라서 자세한 설명 없이 도표나 그림에만 포함되어 있는 내용도 있다.

하지만 생명체의 공통 조상으로부터 사람으로 이어지는 계통에서 벗어난 내용은 그림이나 표에서도 과감하게 생략하거나 간단하게 요약해 놓았다. 이 책은 모든 생명체의 역사가 아니라 사람으로 이어지는 생명체의 역사에 초점을 맞추었기 때문이다.

　　지구와 생명의 역사는 남의 이야기가 아니라 나의 이야기이고 우리의 이야기이다. 그리고 우리가 살아가는 지구의 이야기이다. 이 이야기를 통해 자연과 생명, 그리고 지구와 우주를 새롭게 느낄 수 있었으면 좋겠다.

2020년 여름
저자 곽영직

차례

작가의 말 … 004

1장 지구와 달의 형성

지구는 어떻게 만들어졌을까? … 014

태양계는 언제 어떻게 형성되었을까? … 018   층상 구조의 형성 … 022

달은 어떻게 만들어졌을까? … 024   지구 대기는 어떻게 변해 왔을까? … 27

물은 어디서 왔을까? … 030   후기 집중충돌 시대 … 033   지구 역사의 시대 구분 … 035

지구와 생명의 역사 산책: 24시간 지구 역사 … 037

2장 생명체의 출현

밀러의 실험 … 042

생명체는 언제 처음 나타났을까? … 046   생명체는 어디에서 시작되었을까? … 049

생명체는 어떻게 시작되었을까? … 054   진화는 어떻게 일어날까? … 057

지구와 생명의 역사 산책: 현재 지구에는 얼마나 많은 종이 살고 있을까? … 064

3장 대산소 사건과 눈덩이 지구

산소는 어떤 원소일까? … 068

광합성을 하는 생명체의 등장 … 071   호상 철광석의 생성 … 074   오존층의 형성 … 076

얼음으로 뒤덮인 눈덩이 지구 … 078

지구와 생명의 역사 산책: 눈덩이 지구가 있었다는 것을 알아낸 과학자들 … 083

4장 진핵생물과 다세포 생명체 그리고 유성생식

생명체는 모두 세포로 이루어졌다 ··· 088

진핵생물은 언제 나타났을까? ··· 092 진핵생물은 어떻게 시작되었을까? ··· 094

다세포 생물은 어떻게 나타났을까? ··· 098 유성생식이 왜 무성생식보다 유리할까? ··· 101

에디아카라 동물의 번성과 멸종 ··· 106

지구와 생명의 역사 산책: 생명체와 물질의 중간에 있는 바이러스 ··· 110

5장 움직이는 대륙

대륙이 움직이고 있다고 주장한 과학자들 ··· 114

베게너의 대륙 이동설 ··· 117 지각 판은 어떻게 이루어졌을까? ··· 119

무슨 힘이 지각 판을 움직이고 있을까? ··· 121

과거에 어떤 초대륙이 만들어졌다가 분리되었을까? ··· 125

지구와 생명의 역사 산책: 미래에는 지구의 모습이 어떻게 변할까? ··· 131

6장 캄브리아기 생명 대폭발

버제스 셰일에서 발견한 화석들 ··· 134

생명체가 갑자기 증가한 고생대 ··· 137

캄브리아기 생명 대폭발이 있었다는 것은 어떻게 알게 되었을까? ··· 139

캄브리아기에 어떤 동물들이 나타났을까? ··· 145

캄브리아기 생명 대폭발은 왜 일어났을까? ··· 149 척추동물의 등장 ··· 152

지구와 생명의 역사 산책: 멍게와 미더덕도 척삭동물이다 ··· 157

7장 육지를 향해

상륙 작전의 선봉장 이끼류 … 162

이끼류와 균류의 육상 진출 … 165 관다발식물의 등장 … 167

동물들의 상륙 작전 … 169 곤충 전성시대 … 175

막으로 싸인 알을 발선시킨 파충류 … 177

지구와 생명의 역사 산책: 지구도 하나의 생명체로 볼 수 있을까? … 181

8장 생명 대멸종 사건

석유회사 직원이 발견한 칙술루브 충돌구 … 186

지구 역사에는 생명 대멸종 사건이 여러 번 있었다 … 190

생명 대멸종은 왜 일어났을까? … 192 오르도비스기 말 생명 대멸종 … 196

페름기 말 생명 대멸종 … 197 공룡이 사라진 백악기 말 생명 대멸종 … 202

데본기 후기 대멸종과 트라이아스기 말 대멸종 … 206

지구와 생명의 역사 산책: 우리는 지금 여섯 번째 대멸종 사건의 한가운데 살고 있는 것일까? … 208

9장 식물들의 생존 전략

생물 분류체계의 기초를 마련한 식물학자 … 212

더 많이 그리고 더 멀리 … 216 포자와 세대교번 … 217 고생대 육지를 뒤덮은 양치식물의 숲 … 221

겉씨식물은 언제 나타났을까? … 223 속씨식물은 동물을 어떻게 이용하고 있을까? … 226

지구와 생명의 역사 산책: 사람에게 가장 중요한 식물은 무엇일까? … 230

10장 공룡 시대

공룡 화석의 발견 … 234

공룡의 전성시대 … 237   가장 덩치가 컸던 용각류 … 241   난폭한 포식자였던 수각류 … 243

가장 먼저 발견된 이구아노돈 … 245   등에 골판을 가지고 있던 검룡류 … 246

트리케라톱스가 속한 각룡류 … 247   박치기 대장 후두류 … 249

갑옷과 꼬리 곤봉으로 무장한 곡룡류 … 249   음지에서 때를 기다리는 포유류 … 251

지구와 생명의 역사 산책: 쥐라기 공원은 가능할까? … 254

11장 포유류 시대

신생대의 주인공은 누구일까? … 258

신생대의 온도 변화와 대륙의 이동 … 262   음지에서 양지로 나온 포유류 … 267

포유류의 분류 … 270   바다로 돌아간 포유류 … 273   빙하시대 … 277

플라이스토세 말에 대형 포유류들은 왜 멸종되었을까? … 280

지구와 생명의 역사 산책: 인류세는 어떤 시대로 기록될까? … 284

12장 인류의 등장

두 발로 걸었지만 작은 뇌를 가지고 있었던 루시 … 288

하나의 종으로 이루어진 인류 … 291   영장류에서 유인원으로 … 293

두 발로 걷기 시작한 오스트랄로피테쿠스 … 297   도구와 불을 사용했던 호모속의 등장 … 301

최근까지 살았던 네안데르탈인은 어디로 갔을까? … 304   인류 문명을 이룩한 호모 사피엔스 … 307

지구와 생명의 역사 산책: 누가 처음으로 인류를 동물의 한 종으로 분류했을까? … 311

맺는 말 … 314

1장

지구와 달의 형성

지구는 어떻게 만들어졌을까?

오랫동안 사람들은 우주가 우주 중심에 정지해 있는 지구, 지구를 돌고 있는 태양, 다섯 개의 행성들, 달, 그리고 멀리 떨어져 천구에 박혀 있는 별들로 이루어져 있다고 생각했다. 따라서 천문학자들의 가장 중요한 과제는 지구와 일곱 천체들이 어떻게 운동하고 있는지를 설명하는 것이었다. 일주일의 이름을 일요일(태양), 월요일(달), 화요일(화성), 수요일(수성), 목요일(목성), 금요일(금성), 토요일(토성)이라고 지은 것만 봐도 이 일곱 천체가 얼마나 중요한 천체였는지 알 수 있다.

지구 중심설이나 태양 중심설은 지구와 이 일곱 개의 천체가 어떻게 움직이고 있는지를 설명하는 이론이었다. 2세기경에 완성된 지구 중심설에서는 정지해 있는 지구 주위를 일곱 천체들이 돌고 있다고 설명했고, 16세기에 등장한 태양 중심설에서는 태양 주위를 지구를 포함한 일곱 천체들이 돌고 있다고 설명했다. 그러나 천체들의 운동을 역학적으로 설명할 수 있게 된 것은 1687년에 뉴턴역학이 등장한 후의 일이다.

뉴턴역학의 등장으로 중력과 운동 법칙을 이용하여 천체들의 운동을 매우 정확하게 이해할 수 있게 된 과학자들은 뉴턴역학을 바탕으로 태양계가 어떻게 만들어졌는지를 설명하려고 했다.

■ 이마누엘 칸트

처음으로 태양계의 형성 과정을 역학적으로 설명하려고 시도한 사람은 역사상 가장 위대한 철학자 중 한 사람으로 알려져 있는 독일의 이마누엘 칸트였다.

1724년 프러시아의 쾨니히스베르그에서 태어나 16살이던 1740년 쾨니히스베르크대학에 진학하여 철학을 공부하던 칸트는 자연과학에도 관심을 가져 한동안 뉴턴역학을 공부했다. 1746년 대학을 졸업한 후 8년 동안 가정교사 생활을 하면서 철학과 역학 공부를 하던 칸트는 1755년에 『일반적인 자연의 역사와 천체 이론』이라는 제목의 논문을 발표했다. 이 논문에는 뉴턴역학을 기초로 하여 천체 생성 과정을 설명하는 내용이 포함되어 있었다.

이 논문에서 칸트는 바닷물이 들어오고 나가는 조석운동에 의한 마찰로 인해 지구의 자전 속력이 느려지고 있다고 주장했다. 이것은 놀라운 과학적 발견이었지만 당시에는 이것의 중요성을 제대로 이해하는 사람이 많지 않았다. 이 논문에는 후에 성운설이라고 부르게 된 이론도 포함되어 있었다. 성운설은 뉴턴역학을 바탕으로 태양계, 은하 그리고 우주가 어떻게 시작되었는지를 설명하는 이론이었다.

칸트는 태양계를 이루는 태양과 행성들이 모두 회전하고 있던 거대한 성운에서 같은 시기에 형성되었다고 주장했다. 그는 또한 수많은 별들이 원반 모양으로 배열되어 있는 우리은하는 회전하고 있던 더 큰 성운에서 형성되었다고 설명했다. 그는 우주에는 우리은하와 같은 은하들이 수없이 많이 존재할 것이라고 주장했다. 우리은하 밖에 또 다른 은하가 있다는 것을 과학적으로 증명한 것보다 170년이나 이른 시기에 나온 주장이었다.

『일반적인 자연의 역사와 천체 이론』을 발표한 이후 칸트는 철학에 전념했기 때문에 성운설을 더 발전시키지는 못했다. 그러나 아직 태양계 밖 우주에 대해 아주 조금밖에 알지 못하던 18세기 중엽에 태양계와 은하의 형성 과정을 설명하는 이론을 제시했다는 것은 놀라운 일이 아닐 수 없다.

독일 출신으로 영국에서 활동하던 윌리엄 허셜이 천왕성을 발견하여 그때까지 알려져 있던 지구를 포함한 여덟 개의 천체가 태양계의 전부가 아니라는 것을 밝혀낸 것은 칸트가 성운설을 발표한 것보다 26년 후인 1781년의 일이었다. 천왕성의 발견은 태양계에 아직 발견되지 못한 많은 천체들이 있다는 것을 의미하는 것이었다. 그 후 과학자들은 망원경 관측을 통해 해왕성과 수많은 소행성들, 행성들을 돌고 있는 많은 위성들, 그리고 혜성들을 찾아내 태양계가 지구와 일곱 개의 천체뿐만이 아니라 수많은 천체들로 이루어졌다는 것을 밝혀냈다.

태양계에 대해 더 많은 것을 알게 된 과학자들은 태양계의 형성 과정에도 관심을 가지기 시작했다. 칸트의 성운설을 더욱 발전시킨 사람은 프랑스의 뉴턴이라고도 불리는 피에르 시몽 라플라스였다. 뛰어난 엔지니어였으며 수학자였고, 물리학자이며 천문학자이기도 했던 라플라스는 1799년부터 1825년 사이에 출판한 5권으로 이루어진 『천체역학』과 1796년에 출판한 『세계계도설』을 통해 태양과 행성들이 하나의 커다란 성운에서 만들어졌다는 성운설을 다시 주장했다.

그러나 1877년에 태어나 영국에서 활동했던 물리학자로 열역학, 천문학, 양자

역학의 발전에 크게 공헌했던 제임스 진스는 칸트와 라플라스의 성운설을 부정하였다. 그는 태양이 먼저 만들어진 후 태양 가까이 지나던 커다란 별의 강한 중력으로 인해 태양에서 물질이 떨어져 나와 뭉쳐서 행성들이 만들어졌다고 주장했다. 따라서 한 때는 두 가지 이론이 팽팽하게 대립하기도 했다.

그러나 20세기 후반에 컴퓨터를 이용하여 복잡한 계산을 할 수 있게 된 이론 물리학자들과 성능이 좋은 망원경을 이용하여 우주를 관측할 수 있게 된 천문학자들은 진스의 주장이 아니라 성운설이 옳다는 것을 밝혀냈다. 공기의 방해를 피할 수 있는 우주 망원경을 이용하여 우주를 관측한 천문학자들은 거대한 성운에서 별들과 행성들이 형성되고 있는 과정을 실제로 관찰하였다. 그리고 20세기에 이루어진 탐사선을 이용한 태양계 탐사 결과 또한 태양계의 형성 과정을 이해하는 데 큰 도움을 주었다. 이로 인해 이제 우리는 태양계와 지구의 형성 과정을 매우 자세하게 이해할 수 있게 되었다. 그렇다면 수많은 생명체들의 고향인 지구는 언제 어떻게 만들어졌을까?

■ 남반구에서 보이는 화가자리 베타별을 둘러싼 성운에서 행성들이 형성되고 있는 모습을 그린 상상도 (출처: NASA)

태양계는 언제 어떻게 형성되었을까?

☆ 태양계가 어떻게 만들어졌는지를 알아내는 것보다 언제 만들어졌는지를 알아내는 것은 비교적 쉽다. 나무가 나이테를 가지고 있는 것처럼 모든 암석들도 나이테를 가지고 있기 때문이다. 암석의 나이를 알려주는 나이테는 방사성 동위원소이다. 원자들 중에는 안정해서 오랜 시간이 지나도 다른 원자로 변하지 않는 원수가 있지만, 안정하지 않아 시간이 지나면 방사선을 내면서 다른 원소로 변하는 불안정한 원소들도 있다. 방사선을 내고 다른 원소로 변하는 원소가 방사성 동위원소이다.

그런데 방사성 동위원소의 반이 붕괴되는 데 걸리는 시간인 반감기는 온도나 습도 같은 환경의 영향을 받지 않을 뿐만 아니라 화학적 상태에 따라서도 달라지지 않는다. 예를 들면 6개의 양성자와 8개의 중성자를 가지고 있는 탄소-14는 방사선을 내고 안정한 원소인 질소-14로 변하는 방사성 동위원소로 반감기는 5730년이다. 탄소-14는 높은 온도나 압력에서도 반이 붕괴되는 데 5730년이 걸릴 뿐만 아니라, 이산화탄소와 같은 간단한 분자 안에 포함되어 있거나 동물의 몸을 이루고 있는 복잡한 분자에 포함되어 있어도 반감기는 항상 5730년이다. 그러므로 탄소-14와 같은 방사성 동위원소들은 어떤 조건에서도 멈추지 않고 느려지거나 빨라지지도 않는 자연이 가지고 있는 시계라고 할 수 있다.

따라서 암석에 포함되어 있는 방사성 동위원소의 양과 방사성 붕괴로 만들어진 원소의 양, 그리고 방사성 동위원소의 반감기를 알면 암석이 만들어진 연대를 알 수 있다. 암석의 연대를 측정할 때는 긴 반감기를 가지고 있는 방사성 동위원소들을 이용한다. 예를 들어 우라늄-235는 여러 단계의 방사성 붕괴 과정을 거쳐 마지막에는 안정한 납이 된다. 따라서 암석이나 운석에 포함되어 있는 우라늄-235의 양과 우라늄-235가 붕괴하여 만들어진 납의 양을 측정하면 이 암석이나 운석이 얼마나 오래전에 만들어졌는지를 알 수 있다.

과학자들은 방사성 동위원소를 이용하여 지구 곳곳에서 발견된 암석의 연대를 측정하고 지구에 떨어진 운석들의 연대를 측정했다. 운석은 소행성이나 혜성의 부스러기들이 대기와의 마찰로 타버리고 남은 부분이 지상에 떨어진 것이다. 그리고 1970년대에는 달에서 가져온 월석의 연대도 측정했다. 이런 측정 결과들을 종합한 과학자들은 지구를 포함하여 태양계가 지금으로부터 45억 4000만 년 전에서 45억 7000만 년 전 사이에 만들어졌다는 것을 알게 되었다. 우주의 나이가 138억 년이니까 태양계는 우주의 나이가 약 92억 살쯤 되던 시기에 만들어진 셈이다.

태양계가 탄생한 장소는 우리은하 가장자리에 있던 차갑게 식은 성간운이었다. 성간운은 수소와 헬륨 기체 그리고 미세한 우주먼지로 이루어져 있다. 태양계를 만든 성간운은 서서히 회전하고 있었다. 아마도 주위에서 일어난 초신성 폭발과 같은 사건에서 발생한 충격파가 이 성간운을 회전하도록 했을 것이다. 그리고 그러한 충격파는 성간운에 밀도가 높은 곳과 낮은 곳이 생기게 했을 것이다.

■ 태양계의 형성 과정

주위보다 밀도가 높은 지점을 중심으로 물질이 모여들면서 태양계의 탄생이 시작되었다. 처음에는 천천히 중심을 향해 끌려오겠지만 중심에 가까워지면 속력이 빨라진다. 이것은 높은 곳에 있던 물체가 아래로 떨어지면서 속력이 빨라지는 것과 같은 원리이다. 중심을 향해 달려가면서 속도가 빨라진 입자들의 충돌로 중심부의 온도가 수소 원자핵이 합쳐져 헬륨 원자핵으로 바뀌는 핵융합 반응이 일어날 수 있는 온도까지 높아졌다. 핵융합이 시작되자 중심부가 밝게 빛나기 시작했다. 이렇게 해서 태양이 탄생했다.

중심부에서 태양이 탄생하는 동안 태양 주변에서는 행성들이 형성되고 있었다. 서서히 회전하던 성간운이 중심으로 모여들면서 점점 더 빠르게 회전하게 되자 성간운의 모양이 공 모양에서 원반 모양으로 바뀌었고, 여기저기에 작은 소용돌이들이 만들어졌다. 이 소용돌이에서 행성으로 커나갈 미행성들이 만들어졌다.

태양 주위에 만들어진 수많은 미행성들은 충돌을 통해 합쳐져서 커다란 행성으로 성장했다. 지름이 10km 정도 되는 미행성들이 합쳐져서 행성으로 성장하는 과정을 컴퓨터 시뮬레이션을 이용해 연구한 천체 물리학자들은 대부분의 경우 지구형 행성들과 같이 주로 암석으로 이루어진 크기가 작고 밀도가 높은 행성이 만들어지고, 목성형 행성들처럼 기체로 이루어진 크기가 크고 밀도가 낮은 행성들은 매우 드물게 만들어진다는 것을 알아냈다.

현재 지구에는 8개의 행성들이 타원궤도를 따라 태양 주위를 돌고 있다. 어떻게 행성들은 타원궤도를 따라 태양을 돌게 되었을까? 역학적 분석에 의하면 거리 제곱에 반비례하는 중력이 작용하는 경우에는 태양 주위를 도는 행성들이 네 가지 운동 중 하나의 운동을 해야 한다. 원운동, 타원 운동, 포물선 운동, 쌍곡선 운동이 그것이다. 태양계 형성 초기에는 이 네 가지 운동을 하는 미행성들이 모두 있었을 것이다. 그러나 큰 에너지를 가지고 있어 포물선 운동과 쌍곡선 운동을 하던 미행성들은 태양계 밖으로 날아가 버렸다. 그리고 원운동을 하기 위해서는 아주 까다로운 조건을 만족시켜야 하기 때문에 여덟 개의 남은 행성이 원운동을 할 확률은 아주 낮다. 따라서 태양계에는 타원 운동을 하는 행성만 남게 된 것이다. 1600년대에 활동했던 요하네스 케플러는 행성들의 운동을 관측한 자료를 분석하여 행성들이 태양을 초점으로 하는 타원궤도를 돌고 있다는 것을 알아내고, 이것을 행성 운동의 제1법칙이라고 불렀다. 태양계에는 행성 외에도 행성을 도는 많은 위성들과 소행성들이 있다. 지름이 수백에서 수천 킬로미터나 되는 위성들은 행성들이 만들어지는 것과 비슷한 과정을 통해 만들어졌을 것이다. 화성과 목성 사이에서 태양을 돌고 있는 수십만 개의 소행성들은 태양계 형성 초기에 만들어진 미행성이거나 더 작은 미행성들이 충돌을 통해 합쳐져서 만들어졌을 것이다. 이들은 가까이 있는 목성의 강한 중력 작용으로 인해 커다란 행성으로 성장할 수 없었다.

층상 구조의 형성

✿ 원시 지구에는 많은 미행성들이 충돌하면서 질량이 증가했고, 질량이 증가함에 따라 더 강한 중력으로 더 많은 미행성들을 끌어들였다. 미행성들의 빈번한 충돌로 지구의 온도가 올라가 지구 전체가 용암 상태가 되었다. 그러자 무거운 철, 니켈 등의 금속은 중심부에 모여 핵을 형성했고, 상대적으로 가벼운 원소들은 바깥쪽에 모여 맨틀을 이루게 되었다.

이렇게 해서 무거운 금속 원소들을 주로 포함하고 있는 고체로 이루어진 내핵, 액체 상태의 외핵, 비교적 연한 암석으로 이루어진 하부 맨틀, 상대적으로 단단한 암석으로 구성된 상부 맨틀, 지각, 그리고 대기로 이루어진 지구의 층상 구조가 만들어졌다. 이러한

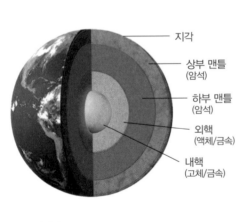

지각

상부 맨틀
(암석)

하부 맨틀
(암석)

외핵
(액체/금속)

내핵
(고체/금속)

■ 지구의 층상 구조

지구의 층상 구조는 생명체가 번성할 수 있는 지구 환경을 만드는 데 중요한 역할을 했다.

지각은 지구의 가장 바깥에 있는 얇은 층으로, 단단한 암석으로 이루어졌다. 무거운 암석을 많이 포함하고 있는 바다 아래 있는 해양지각의 두께는 5km에서 10km 사이이고, 가벼운 암석을 많이 포함하고 있는 육지 아래 있는 대륙지각의 두께는 25km에서 100km 사이이다. 지구의 반지름이 6370km인 것과 비교해 보면 지각이 매우 얇은 층이라는 것을 알 수 있다.

지구의 가장 많은 부분을 차지하고 있는 맨틀의 평균 두께는 2900km나 되어 지구 부피의 82%를 차지하고 있으며, 질량으로는 68%를 차지하고 있다. 맨틀 아래에는 액체로 이루어진 외핵이 있고, 외핵보다 깊은 곳에 있는 지구 중심부에는 고체로 이루어진 내핵이 있다. 외핵보다 온도가 높은 내핵이 고체 상태인 것은 압력이 높기 때문이다. 액체로 이루어진 외핵에서는 밀도 차이로 인해 대류가 일어나고 있는데, 외핵에서의 대류 운동으로 인해 지구 주변에는 강한 자기장이 만들어진다.

지구의 강한 자기장은 태양에서 오는 큰 에너지를 가진 입자들의 흐름을 바꿔 놓아 지구에 생명체가 살아갈 수 있는 환경을 갖출 수 있도록 했다. 화성이 생명체가 살 수 없는 황량한 행성으로 바뀐 것은 화성에는 층상 구조가 형성되지 않아 강한 자기장이 없기 때문이다.

달은 어떻게 만들어졌을까?

☆ 지구 주위를 돌고 있는 달은 태양계 위성 중에서 다섯 번째로 큰 위성이다. 지구는 작은 크기에 어울리지 않는 큰 위성을 거느리고 있는 셈이다. 달의 지름은 약 3476km로 12740km인 지구 지름의 약 4분의 1이며, 지구에서 달까지의 평균 거리는 약 38만 4000km이다.

직접 달에 가서 월석을 가져와 분석하기 전까지는 달의 기원을 설명하는 세 가지 이론이 팽팽하게 대립하고 있었다. 첫 번째 이론은 지구가 형성될 때 달도 함께 형성되었다는 것이었고, 두 번째 이론은 커다란 운석의 충돌로 지구에서 떨어져 나간 질량들이 모여 달을 형성했다는 이론이었으며, 세 번째 이론은 외계에서 만들어진 천체가 지구 부근을 지나다 지구 중력에 붙잡혀 지구를 도는 달이 되었다는 이론이었다.

그러나 1969년부터 여섯 차례에 걸쳐 아폴로 우주인들이 지구로 가져온 달의 암석을 분석한 과학자들은 두 가지 결론을 내릴 수 있었다. 월석의 화학 성분이 지구 암석의 성분과 매우 비슷해서 달이 지구와 다른 장소에서 형성되었을 것이라는 가설은 제외할 수 있도록 했다. 그런가 하면 달의 조성이 지구의 조성과 똑같지는 않아 지구와 달이 같은 물질에서 동시에 만들어지지 않았다는 것 역시 확실했다. 지구와 달이 다른 장소에서 만들어진 것도 아니고 같은 물질로 이루어진 것도 아니라면 달은 어떻게 만들어졌을까?

과학자들은 월석의 분석 결과를 종합하여 태양계 형성 초기에 있었던 대규모 충돌에 의해 달이 만들어졌다고 생각하고 있다. 새로운 충돌설은 예전의 충돌설과는 다르다. 예전의 충돌설에서는 커다란 운석의 충돌로 태평양 지역의 물질이 공간으로 날아 올라갔고 이 물질이 뭉쳐서 달이 만들어졌다고 주장했다. 따라서 달의 성분이 지각의 성분과 같을 것으로 생각했다.

그러나 월석을 분석한 후 새롭게 등장한 충돌설에서는 화성 크기의 천체가 지구에 충돌하면서 지구에서 방출된 물질과 이 천체가 가지고 있던 물질이 합쳐져 달이 되었다는 것이다. 이때 지구와 충돌했던 화성 크기의 행성은 테이아라고 부른다. 과학자들은 이 충돌이 지구가 형성된 후 1억 년 이내에 일어났을 것이라고 추정하고 있다. 테이아의 충돌로 지구의 일부분이 녹아서 용암이 되었겠지만 지구 전체가 용암 상태로 변하지는 않았을 것으로 보인다.

테이아의 충돌은 달을 만드는 것 외에도 지구에 큰 변화를 가져 왔다. 지구의 자전축이 현재와 같이 23.5도 기울어지게 된 것도 테이아와의 충돌의 결과라고 여겨진다. 지구 자전축이 기울어져 있는 것은 지구 환경 형성에 매우 중요한 역할을 한다. 자전

축이 기울어져 있지 않았다면 계절 변화가 나타나지 않아 적도 지방에서 증발된 물이 극지방에 계속 쌓이게 될 것이다. 그렇게 되면 지구가 현재와 같이 생명체가 풍부한 행성이 되지 못했을 것이다.

처음 지구와 달이 형성되었을 때 지구와 달은 지금보다 훨씬 가까이에서 더 빠른 속력으로 돌고 있었다. 처음 지구와 달이 형성되었을 때 지구의 자전주기는 5시간 정도였고, 지구에서 달까지의 거리는 2만 4000km 정도밖에 안 됐다. 그러나 조석 현상에 의한 마찰로 인해 지구의 자전 속도는 느려지고 지구에서 달까지의 거리는 점점 멀어졌다.

정밀한 측정에 의하면 현재 지구의 자전주기는 100년에 2.3밀리초씩 길어지고 있고, 평균 38만 400km인 지구에서 달까지의 거리는 매년 3.8cm씩 멀어지고 있다. 달이 멀어지고 지구의 자전주기가 길어지는 일은 지구의 자전주기와 달의 공전주기가 같아져 지구의 항상 같은 면이 달을 향하게 될 때까지 계속될 것이다.

그러나 과학자들 중에는 테이아와 같은 거대한 천체의 충돌로 달이 형성되었다는 이론에 반대하는 사람들도 있다. 달의 형성을 설명하는 또 다른 이론들 중에는 빠르게 회전하고 있던 원시 지구에서 용암 상태의 표면 일부가 원심력에 의해 떨어져나가 달을 형성했다는 이론에서부터, 한 번의 커다란 충돌이 아니라 여러 번의 작은 충돌로 떨어져나간 부스러기들이 모여 달을 형성했다는 이론도 있다. 그런가 하면 용암 상태의 지구에 고체 상태의 다른 행성이 충돌하면서 지각의 많은 부분이 하늘로 날아 올라가 달을 만들었고, 지구에 충돌한 고체 상태의 행성은 지구 내부로 들어가 지구의 핵을 형성했다고 주장하는 과학자들도 있다.

지구 대기는 어떻게 변해 왔을까?

☆ 지구는 공기층으로 둘러싸여 있다. 지구를 둘러싸고 있는 공기층을 대기라고 부른다. 대기는 지구 표면의 온도를 일정하게 유지해 주고, 태양으로부터 오는 해로운 자외선을 막아주어 지구에 생명체가 살아갈 수 있도록 해준다. 지구 표면에서부터 우주 공간까지 연결되어 있는 대기는 여러 층으로 이루어져 있는데 대부분의 공기는 가장 아래층인 대류권에 포함되어 있다.

기상 현상이 나타나는 대류권은 지상에서부터 약 11km 상공까지이다. 6370km인 지구 반지름에 비하면 대기층의 두께가 아주 얇다는 것을 알 수 있다. 대류권 위에도 공기가 있지만 고도가 높아짐에 따라 점점 희박해져 우주로 연결된다. 법적으로는 지상 100km를 지구와 우주의 경계로 보고 있다. 그러나 지구와 우주의 경계를 지상 80km로 해야 한다고 주장하는 사람들도 있다.

지구 대기의 약 78%는 질소 기체이고, 약 21%는 산소 기체이며, 약 1%는 아르곤 기체이다. 그리고 지구 환경에 큰 영향을 주는 이산화탄소 기체는 약 0.04% 정도를 차지하고 있다. 이 외에도 여러 가지 기체들이 포함되어 있지만 그 양은 아주 적다. 대기 중에는 많은

■ 국제우주정거장(ISS)에서 찍은 유럽의 야경 사진에 지구를 둘러싼 얇은 대기의 모습이 잘 나타나 있다. (출처: NASA)

양의 수증기도 포함되어 있다. 그러나 수증기의 양은 지역에 따라 그리고 계절과 온도에 따라 크게 달라지기 때문에 대기의 성분을 이야기할 때 수증기는 포함시키지 않는 것이 일반적이다. 그렇다면 지구 대기의 성분은 어떻게 변해 왔을까?

처음 지구가 만들어졌을 때는 대기가 주로 수소와 헬륨 기체로 이루어져 있었을 것이다. 지구가 만들어진 성간운이 주로 수소와 헬륨으로 이루어져 있었기 때문이다. 그러나 수소나 헬륨과 같이 가벼운 원소들은 대부분 우주로 달아나 버렸다. 지구처럼 작은 행성들은 중력이 약해 수소나 헬륨과 같은 가벼운 기체를 붙잡아 둘 수 없기 때문이다. 그러나 목성과 같은 커다란 행성들은 중력이 강해 주로 수소와 헬륨으로 이루어진 대기를 가지고 있다.

초기 지구는 소행성들의 충돌로 온도가 아주 높았기 때문에 화산 활동이 매우 활발했다. 따라서 수소와 헬륨이 달아난 지구 대기는 화산에서 방출된 기체들로 채워지기 시작했다.

화산에서는 질소, 이산화탄소, 황을 비롯한 여러 가지 기체와 함께 먼지가 공기 중으로 방출된다. 먼지는 곧 땅으로 떨어지지만 기체는 그대로 남아 지구 대기의 성분을 바꾸어 놓았다.

화산에서 방출된 이산화탄소의 대부분은 물에 녹거나 다른 원소들과 결합해 암석의 주성분인 탄산염으로 바뀌어 바다 밑에 쌓였다. 화산에서 많은 양의 이산화탄소가 방출되었지만 대기 중에 이산화탄소의 양이 많지 않은 것은 이 때문이다. 그러나 화산 활동으로 인해 대기 중의 이산화탄소의 양이 크게 증가하는 시기가 있었고, 이는 지구 기후 변화와 생명체의 활동에 큰 영향을 주었다.

공기 중에 많은 양의 질소가 포함되어 있는 것은 질소 분자가 아주 단단하게 결합되어 있어 다른 원소와 반응하지 않기 때문이다. 따라서 공기 중으로 방출된 질소는 사라지지 않고 계속 쌓여 34억 년 전쯤부터는 질소가 지구 대기의 가장 많은 부분을 차지하게 되었다.

초기 지구 대기에는 산소가 포함되어 있지 않았다. 다른 원소와 잘 반응하는 산소 기체는 기체 상태로 존재하는 것이 아니라 다른 원소들과 결합한 산화물 형태로 지하에 쌓이기 때문이다.

그러나 태양 에너지를 이용해서 이산화탄소를 탄소와 산소로 분해하여 탄소는 영양물질을 만드는 데 사용하고 산소는 공기 중에 방출하는 생명체가 나타나면서 지구 대기에 산소 기체가 포함되기 시작했다. 생명체가 지구 대기의 성분을 바꾸어 놓기 시작한 것이다. 생명체가 방출한 산소 기체가 지구 환경을 크게 바꾸어버린 대산소 사건에 대해서는 다음 장에서 자세하게 이야기할 예정이다.

물은 어디서 왔을까?

☆ 현재 지구 표면의 71%는 바다가 차지하고 있다. 지구는 태양계 천체들 중에서 액체 상태의 물을 가장 많이 가지고 있는 행성이다. 지구가 액체 상태의 물을 많이 가질 수 있고, 따라서 생명체로 가득한 행성이 될 수 있었던 것은 지구가 태양으로부터 적당한 거리에 있었기 때문이다.

지구가 태양에 더 가까이 있었다면 온도가 높아 물이 모두 수증기로 증발해 버렸을 것이고, 태양에서 오는 강한 자외선으로 인해 물 분자가 수소와 산소 원자로 분해되어 우주 공간으로 달아나 버렸을 것이다. 그리고 태양으로부터 더 멀리 떨어져 있었더라면 대부분의 물이 얼어 땅에 쌓여 있게 되었을 것이다.

지구에 존재하는 물은 대부분 액체나 고체(얼음), 그리고 기체(수증기) 상태로 존재하지만 전혀 다른 형태로 존재하는 물도 있다. 과학자들은 물이 지구 표면뿐만 아니라 온도가 높은 지구 내부에도 존재한다는 것을 밝혀냈다. 지구 내부에 있는 물은 산소와 수소가 결합한 물 분자가 아니라 금속 원자와 수소 원자가 결합한 수소 화합물의 형태로 존재한다. 화산이 분출될 때는 다른 기체들과 함께 지구 내부에 있던 물도 지구 표면으로 방출된다.

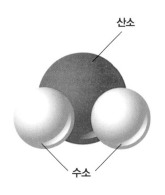

■ 물 분자의 구조

지구가 가지고 있는 많은 물은 지구가 특별한 천체가 되는 데 중요한 역할을 했다. 그렇다면 지구가 가지고 있는 이 많은 물은 어디에서 왔을까? 지구를 만든 성간운에는 많은 양의 수증기가 포함되어 있었다. 한 개의 산소 원자와 두 개의 수소 원자가 결합해 만들어진 물은 우주 공간에 많이 존재하는 분자이다. 그러나 높은 온도로 인해 모든 물질이 녹아내려 층상 구조를 형성하던 시기에 지구가 가지고 있던 물은 모두 수증기가 되어 우주 공간으로 날아가 버렸을 것이다. 따라서 현재 지구에 있는 물은 지구가 식은 다음 다른 곳으로부터 왔어야 한다.

혜성이 많은 양의 얼음을 가지고 있다는 것을 알아낸 과학자들은 지구 형성 초기에 지구에 충돌한 혜성이 지구로 물을 날라왔을 것으로 생각했다. 그러나 탐사선을 보내 혜성이 내뿜는 수증기를 조사한 과학자들은 지구로부터 멀리 떨어진 곳에서 만들어진 혜성의 물과 지구에 있는 물에 포함된 수소 동위원소의 비가 다르다는 것을 알아냈다. 이것은 지구에 있는 물의 대부분은 혜성이 날라온 것이 아니라는 것을 뜻했다.

과학자들은 화성과 목성 사이에서 태양을 돌고 있는 소행성이 가지고 있는 물과 지구의 물에 포함된 수소 동위원소의 비가 같다는 것을 알아냈다. 따라서 지구가 가지고 있는 물의 대부분은 지구 형성 초기에 빈번하게 지구에 충돌했던 소행성들이 날라왔을 것이다.

그러나 이러한 충돌이 언제 있었는지에 대해서는 여러 가지 주장이 대립하고 있다. 일부 과학자들은 지구 형성 초기인 달이 형성되기 전에 이미 많은 양의 물이 지구에 존재했다는 증거들을 찾아낸 반면, 일부 과학자들은 달이 형성된 후에 물을 많이 포함하고 있던 소행성들이 지구에 물을 날라왔다고 주장하고 있다. 그런가 하면 달을 형성한 테이아의 충돌로 인해 지구가 많은 양의 물을 가지게 되었다고 주장하는 사람들도 있다.

언제부터 지구에 많은 물이 존재했는지는 확실하지 않지만 지구가 형성되고 2억 년 정도 지난 시점에 물이 있는 환경에서 형성된 결정들이 많이 발견되었다. 이것은 44억 년 전에 이미 지구에 액체 상태의 물이 존재했다는 것을 뜻한다. 이때 지구 표면의 온도는 230℃나 되었지만 많은 양의 이산화탄소를 포함하고 있던 대기의 높은 압력으로 인해 액체 상태의 물이 존재할 수 있었다.

그러나 과학자들 중에는 대기 중에 포함되었던 이산화탄소가 빠르게 암석 속으로 흡수되어 지하에 쌓였기 때문에 지구가 형성되고 오래되지 않아 지구 표면이 액체 상태의 물을 가지고 있을 정도로 식었다고 주장하는 사람들도 있다. 43억 년 전쯤에는 지구 표면이 현재와 비슷한 상태가 되었다는 것이다. 그러나 지구 형성 초기의 상태를 알려 주는 암석이나 지층이 발견되지 않아 이런 주장을 확인하기는 어렵다.

후기 집중충돌 시대

과학자들은 지구가 형성되고 5억 년 정도가 지나 지구가 안정된 상태로 들어가던 시기에 지구를 비롯한 내행성과 달의 표면에 많은 소행성과 운석들이 충돌하는 후기 집중충돌 시기가 시작되었다고 보고 있다. 이 대충돌의 시기는 38억 년 전까지 약 3억 년 동안 계속되었다. 후기 집중충돌 시기가 있었다는 것은 아폴로 우주인들이 달에서 가져온 월석의 분석을 통해서 확인할 수 있었다.

달에서 가져온 암석의 연대를 측정한 결과 대부분의 암석이 41억 년 전에서 38억 년 전 사이에 형성된 것으로 나타났다. 지구에서 발견된 충돌 크레이터의 연대를 조사한 과학자들은 지구의 충돌 크레이터의 연대도 이와 비슷한 시기에 집중되어 있다는 것을 알아냈다. 이것은 이 시기에 달과 지구에 많은 충돌이 있었다는 것을 나타내는 것이었다. 이런 충돌들은 지구 전체의 모습을 바꿔놓았다.

후기 집중충돌이 왜 일어났는지를 설명하는 이론에는 여러 가지가 있지만 그중에 목성과 토성 그리고 천왕성과 해왕성 같은 외행성의 공전궤도가 달라지면서 소행성대에 있던 소행성들을 내행성계로 밀어 넣었기 때문이라는 주장이 과학자들의 주목을 받고 있다.

그러나 후기 집중충돌과 같은 사건이 없었다고 주장하는 과학자들도 있다. 이들은 후기 집중충돌 시기가 있었다는 증거들이 충분하지 않다고 주장한다. 그들은 달에서 가져온 암석들 대부분이 한 번의 충돌로 형성된 암석일 가능성이 있으며, 지구상에서 발견된 충돌 크

■ 미행성의 충돌이 적어지던 41억 년 전부터 다시 미행성의 충돌이 늘어나는 후기 집중충돌 시기가 시작됐다.

레이터들도 후기 집중충돌 시기가 있었다는 증거로 충분하지 않다고 주장한다. 이들은 뒤에 있었던 충돌이 충돌 이전에 형성된 암석의 연대 측정에 영향을 주어 암석이 특정한 시기에 형성된 것으로 나타나게 했다고 주장한다.

그러나 이러한 충돌이 생명체가 살아갈 수 있는 지구를 만드는 데 도움을 주었을 것이라고 주장하는 학자들도 있다. 오랜 기간에 걸친 많은 충돌로 인해 지구는 물이 풍부한 행성이 될 수 있었고, 혜성에 포함되어 있는 메테인이나 암모니아와 같은 분자들이 생명체를 이루는 원료 물질로 사용되었다는 것이다.

후기 집중충돌의 시기가 있었다는 것을 알게 된 과학자들 중에는 후기 집중충돌의 시기보다 이른 시기에 지구상에 생명체가 나타났을 가능성이 있다고 주장하는 사람들도 있다. 암석에 포함되어 있는 탄소-12와 탄소-13의 비율을 측정한 과학자들은 40억 년 전보다 이른 시기에 만들어진 암석 중에서 생명체와 관련이 있어 보이는 암석을 찾아내기도 했다. 이것은 40억 년 이전에도 생명체가 있었다는 간접적인 증거였다. 그러나 40억 년 전에 있었을지도 모르는 생명체의 흔적은 후기 집중충돌 기간 동안에 모두 사라졌기 때문에 이런 생명체의 직접적인 증거를 찾는 것은 가능하지 않다.

지구 역사의 시대 구분

☆ 과학자들은 지구의 역사를 명왕누대, 시생누대, 원생누대, 그리고 현생누대로 나누고 있다. 누대는 지구의 역사를 구분하는 가장 큰 단위이다. 지구가 형성된 45억 7000만 년 전부터 지구가 안정을 찾은 시기까지가 명왕누대이다. 그러니까 지금까지 한 이야기는 명왕누대에 있었던 지구의 역사 이야기이다. 일반적으로 명왕누대가 끝난 시기를 40억 년 전이라고 보고 있지만, 사람들 중에는 39억 년 전이나 38억 년 전까지를 명왕누대라고 보는 사람들도 있다.

45억 7000만 년이나 되는 지구 역사의 대부분은 명왕누대, 시생누대, 그리고 원생누대가 차지하고 있다. 지구에 많은 생명체들이 살기 시작한 현생누대는 5억 4200만 년밖에 안 된다. 사람들 중에는 고생대가 시작되기 전의 40억 년이 넘는 기간을 선캄브리아기라고 부르기도 한다. 생명의 역사에서 보면 생명체가 거의 살지 않던 고생대 이전의 역사는 그다지 중요하지 않다고 보아 선캄브리아기라는 이름으로 간단하게 다루고 넘어가는 경우가 많다.

그러나 고생대가 시작되기 전에 있었던 40억 년의 지구 역사가

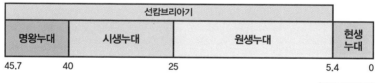

(단위: 억 년 전)

■ 지질시대는 4개의 누대로 나눌 수 있다.

없었다면 지구가 생명체로 가득한 행성이 될 수 없었을 것이다. 현생누대가 시작되기 전 약 40억 년 동안은 생명체가 크게 번성하는 현생누대를 준비하던 시기였다. 따라서 우리의 지구 역사 이야기에서는 이 시기에 있었던 일들도 중요하게 다룰 예정이다.

24시간 지구 역사

지구에 있었던 일들을 이야기하려면 수십억 년이나 수억 년과 같은 긴 시간을 이야기해야 한다. 그런데 이런 시간들은 우리가 일상생활에서 경험하는 시간들과는 비교할 수 없을 정도로 길어 쉽게 그 길이를 실감하기 어렵다.

따라서 지구의 역사를 우리에게 익숙한 하루 24시간으로 환산해 보는 것이 지구의 역사를 이해하는 데 도움이 될 것이다. 지구가 만들어진 45억 7000만 년 전을 0시, 그리고 현재를 오후 12시, 즉 자정으로 보고 지구에 있었던 일들이 몇 시에 해당하는지 알아보는 것이다.

24시간 지구 역사로 보면 지구와 달이 형성되고 소행성들과 충돌이 빈번했던 명왕누대는 0시부터 새벽 2시 58분까지였다. 그리고 지구에 최초로 생명체가 나타난 시생누대는 새벽 2시 58분부터 오전 10시 52분까지 계속되었다. 그러니까 지구에 생명체가 등장하는 데 필요한 환경이 만들어지고, 최초의 생명체가 나타나는 데 하루 24시간의 거의 반이 흘러간 것이다.

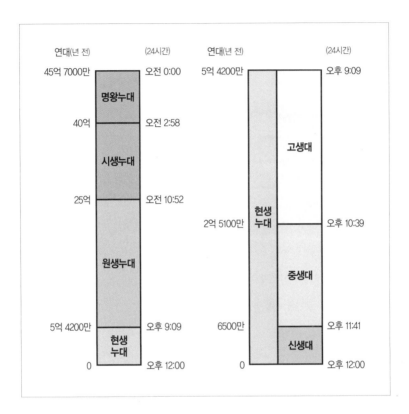

연대(년 전) | (24시간) | 연대(년 전) | (24시간)

45억 7000만	오전 0:00	5억 4200만	오후 9:09
명왕누대			
40억	오전 2:58		**고생대**
시생누대			
25억	오전 10:52	2억 5100만	오후 10:39
		현생누대	**중생대**
원생누대			
5억 4200만	오후 9:09	6500만	오후 11:41
현생누대	오후 12:00	**신생대**	오후 11:41
0		0	오후 12:00

■ 지구의 역사를 24시간으로 보았을 때 각 지질시대의 시간

 지구에 나타난 광합성 작용을 하는 생명체로 인해 대기에 산소가 급격히 증
가하는 사건과 지구 전체가 얼음으로 뒤덮이는 사건이 있었던 원생누대는 오전
10시 52분부터 오후 9시 9분까지로 약 10시간 17분에 해당하는 긴 시간이다. 이
기간 동안에 세포핵을 가지고 있지 않았던 세포가 핵을 갖게 되었고, 하나의 세

포로 이루어졌던 생명체에서 여러 개의 세포로 이루어진 생명체로 진화했다. 이렇게 해서 고생대가 시작되기도 전에 지구의 역사 24시간 중 21시간 9분이 흘러갔다.

지구가 생명체들로 가득 차게 된 현생누대는 자정까지 겨우 2시간 51분이 남은 저녁 9시 9분에 시작되었다. 현생누대의 첫 시기인 고생대는 오후 9시 9분부터 오후 10시 39분까지 1시간 30분 동안 계속되었다. 이 동안에 바다에 생명체들이 급격하게 증가했고, 식물과 동물이 차례로 육지로 올라왔다. 공룡이 지구를 지배하던 중생대는 오후 10시 39분부터 11시 41분까지 약 1시간 2분 동안 계속되었다.

포유류가 지구를 지배하게 된 신생대는 11시 41분쯤 시작되어 약 19분 동안 계속되었다. 인류가 지구상에서 활동한 것은 포유류가 활동한 시간보다도 훨씬 짧아 1분 18초 정도밖에 안 된다. 과학자들은 현생인류가 약 25만 년 전에 나타났다고 보고 있다. 이 기간은 24시간 지구 역사에서 약 4초에 해당한다. 인류가 기록으로 남겨진 역사를 갖게 된 것은 지금부터 약 5000년 전부터이다. 이 동안 인류는 찬란한 문명을 이룩했다. 그러나 이 기간은 24시간 지구 역사에서는 1초도 안 되는 아주 짧은 기간이다.

2장

생명체의 출현

밀러의
실험

1953년 22살이었던 미국 화학자 스탠리 밀러가 생명체를 이루고 있는 물질이 어떻게 만들어졌는지를 밝혀내기 위한 중요한 실험을 했다. 생명체가 어떻게 처음 생겨났는지를 밝혀내는 것은 모든 과학자들의 가장 큰 숙제였다. 밀러가 한 실험이 생명체가 어떻게 시작되었는지를 밝혀내지는 못했지만 생명체의 시작을 다루는 실험 연구의 새로운 시대를 열었다.

밀러는 생명물질을 만드는 데 필요한 분자들이 떠다니고 있던 따뜻한 물웅덩이에서 생명체가 시작되었을 것이라는 가설에서 시작했다. 따뜻한 물웅덩이에서 생명체가 처음 나타났다고 생각한 것은 밀러가 처음이 아니었다. 『종의 기원』을 통해 진화론을 주장한 찰스 다윈은 1871년 그와 가깝게 지냈던 생물학자 조셉 후커에게 보낸 편지에서 따뜻한 연못에서 빛과 열 그리고 전기 작용이 생명물질을 만들었을 것이라고 설명했다.

그러나 밀러의 실험에 직접적인 영향을 준 사람은 러시아의 생화학자였던 알렉산드르 이바노비치 오파린이었다. 오파린은 1924년에 출판한 『생명의 기원』이라는 책에서 현재 목성 대기와 비슷하게 수증기, 메테인, 암모니아, 그리고 수소로 이루어졌던 지구 초기 대기에서 화학반응을 통해 생명체를 이루는 물질인 유기화합물이 합성되었다고 주장했다. 그는 이렇게 합성된 유기화합물 분자들이 결합하여 세포를 이루는 물질을 만들었다고 했다. 밀러는 오파린의 주장을 실험을 통해 확인하고 싶었다.

당시 시카고대학 박사과정 학생이던 밀러의 지도교수는 보통의 수소보다 무거운 중수소를 발견한 공로로 1934년 노벨 화학상을 수상한 해럴드 유리였다. 중수소는 원자핵이 하나의 양성자로 이루어져 있는 보통의 수소와는 달리 하나의 양성자와 하나의 중성자로 이루어져 있다. 밀러는 유리 교수와 의논한 끝에 오파린의 가설을 실험을 통해 확인해 보기로 했다.

밀러는 두 개의 유리 플라스크를 연결하고 아래 쪽 플라스크에는 바닷물을 넣

 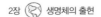

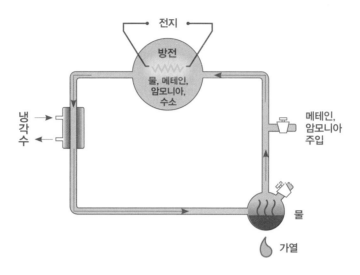

고 끓였다. 끓는 바닷물에서 증발한 수증기는 메테인과 암모니아 기체가 첨가된 후 두 번째 플라스크로 들어갔다. 두 번째 플라스크에는 오파린이 제안했던 초기 지구 대기와 마찬가지로 메테인, 암모니아, 수증기, 그리고 수소 기체가 포함되어 있었다. 두 번째 플라스크에는 지구 초기에 있었던 번개를 대신하기 위한 전기 불꽃을 만드는 장치가 설치되어 있었다. 두 번째 플라스크에서 나온 기체는 냉각 장치를 거치는 동안 다시 물이 되어 첫 번째 플라스크로 흘러 들어갔다.

밀러가 이 실험장치를 여러 날 동안 계속 가동시키자 물에서 유기화합물이 형성되었다. 암모니아나 메테인과 같은 단순한 화학물질에서 생명체를 이루는 유기화합물이 형성될 수 있다는 것이 증명된 것이다.

그러나 밀러의 실험에 이견을 제시하는 과학자들이 많이 있다. 초기 지구 대기에 암모니아와 메테인이 포함되어 있었다는 것이 확실하지 않다는 것이다. 얕은 물가에 있는 따뜻한 물웅덩이는 강한 자외선으로 인해 생명체가 나타나기에 적당한 장소가 아니었다고 주장하는 사람들도 있다.

그런가 하면 일부 과학자들은 운석이 다른 행성으로부터 지구로 생명물질을 실어왔다고 주장하고 있다. 최근에는 빈번하게 화산이 분출하고 있던 초기 지구의 화산 가까이에 많은 온천들이 있었을 것이고, 여기에서 생명물질이 만들어졌을 것이라고 주장하는 사람들도 있다.

생명체를 이루는 생명물질이 어떻게 만들어졌는지 밝혀낸다고 해도 그것이 생명체의 시작을 의미하는 것은 아니다. 생명물질이 모여 생명체의 기본 단위인 세포가 만들어지는 것은 생명물질이 만들어지는 것보다 훨씬 복잡한 과정이기 때문이다. 과학자들은 여러 가지 실험을 통해 최초의 생명체가 나타나는 과정을 밝혀내기 위해 노력하고 있다.

그렇다면 지구에 생명체가 나타난 것은 언제쯤일까? 그리고 과학자들은 생명체의 시작에 대해 얼마나 많은 것을 알아냈을까?

생명체는 언제 처음 나타났을까?

☆ 후기 집중 대충돌이 끝난 것은 약 38억 년 전이었다. 이때부터 25억 년 전까지 약 13억 년을 시생누대라고 부른다. 시생누대가 시작되던 38억 년 전에는 태양이 현재보다 훨씬 어두웠지만 지구는 온실효과로 인해 현재보다 높은 온도를 유지했다.

지구의 기온은 지구가 태양으로부터 받는 에너지와 지구가 우주로 방출하는 에너지 중 어느 것이 큰 가에 의해 결정된다. 공기 중에 온실기체가 많이 포함되어 있으면 받아들이는 에너지가 방출하는 에너지보다 많아 지구 온도가 올라가고, 온실기체가 적으면 더 많은 에너지를 방출하게 되어 온도가 내려간다. 온실기체 중에서 가장 중요한 것은 이산화탄소와 메테인 기체이다. 이산화탄소와 메테인 기체는 지구가 입고 있는 옷과 같은 역할을 한다. 그런데 대기 중에 포함되어 있는 이산화탄소와 메테인 기체의 양은 산소 기체의 양과 밀접한 관계가 있다. 따라서 대기 중에 포함된 이산화탄소, 메테인, 그리고 산소는 지구와 생명의 역사에 큰 영향을 끼쳤다.

지구 형성 초기에는 지구 내부의 높은 온도로 인해 화산 활동이 활발했다. 화산 분출 시에는 많은 양의 이산화탄소가 공기 중으로 방출된다. 따라서 초기 지구의 대기에는 많은 양의 이산화탄소가 포함되어 있었다. 태양으로부터 적은 에너지를 받으면서도 지구가 높은 온도를 유지할 수 있었던 것은 이 때문이었다.

초기 지구는 전체가 바다로 뒤덮여 있었다. 초기 지구가 바다로 뒤덮였던 것은 지구 표면이 평평했기 때문이었다. 지금도 육지를 깎아내 바다를 메워 평평하게 만들면 지구 전체가 바다로 덮이게 될 것이다. 그러나 지각이 굳어진 후 아래에 있는 용암이 지각의 약한 부분을 뚫고 올라와 쌓이면서 육지가 만들어지기 시작했다. 그러나 원생누대에는 큰 대륙이 없었다. 지구 내부의 온도가 높아 지각운동이 활발해 작은 원시 대륙들이 합쳐져서 큰 대륙을 만들 수 없었기 때문이었다.

시생누대에 있었던 사건 중에서 가장 중요한 사건은 지구상에 생명체가 나타난 일이었다. 시생누대라는 이름도 생명체가 시작된 시기라는 의미를 가지고 있다. 시생누대에 생명체가 나타나면서 지구는 다른 행성들과는 비교할 수 없는 특별한 행성이 되었다.

현재 발견된 가장 오래된 생명체 화석은 35억 년 전에 만들어진 시아노박테리아(남조류)의 화석이다. 현재에도 지구 곳곳에서 살아가고 있는 시아노박테리아는 가장 원시적인 조류로 막으로 둘러싸인 세포핵을 가지고 있지 않은 원핵생물이다. 시아노박테리아는 광합성 작용을 할 수 있는 생명체로 여러 개의 세포들로 이루어진 군체 또는 여러 개의 세포들이 실 모양으로 늘어선 구조를 이루고 있다. 얕은 물

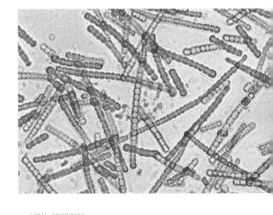

■ 시아노박테리아

에서 자라는 수많은 시아노박테리아로 이루어진 얇은 막에 퇴적물이 부착되면 층층이 쌓여 커다란 구조물을 형성하게 되는데 이런 것을 스트로마톨라이트라고 부른다.

■ 35억 년 전에 만들어진 스트로마톨라이트 화석

과학자들은 오스트레일리아의 노스폴에서 35억 년 전에 형성된 스트로마톨라이트 화석을 찾아냈다. 이것은 35억 년 전의 지구상에 생명체가 살고 있었다는 것을 의미한다. 그러나 광합성 작용을 할 수 있고 군체를 이루어 살았던 시아노박테리아는 최초의 생명체가 아니었다. 따라서 모든 생명체의 조상이 되는 최초 생명체는 35억 년 전보다 이른 시기에 나타났을 것이다.

지구상에 최초로 생명체가 나타난 시기는 40억 년 전쯤일 것이라고 추정하는 사람들이 많지만, 고생물학자들 중에는 지구가 생성되고 2억 년이 지난 43억 년 전에 이미 생명체가 존재했다고 주장하는 사람들도 있다. 그들은 암석에 포함되어 있는 탄소 동위원소의 비가 이때 이미 생명체가 존재했다는 것을 나타낸다고 주장한다. 어쩌면 생명체는 한 번에 생겨난 것이 아니라 생겨났다가 사라지고 다시 생겨나는 과정을 반복했을 가능성도 있다. 특히 초기 지구에는 생명체에게 위협이 되는 대규모 운석 충돌이 자주 있었으므로 지구상에 나타났던 최초 생명체가 이런 충돌로 인해 사라지고 다시 나타나는 일이 반복되었을 수도 있다.

지구상에는 형태도, 크기도, 그리고 살아가는 방법도 다른 수없이 많은 종의 생명체들이 살아가고 있다. 그러나 이 모든 생명체들은 같은 형태의 DNA 분자에 같은 방법으로 기록된 유전정보를 가지고 있다. 다시 말해 지구상의 모든 생명체들은 같은 유전정보를 이용하여 같은 물질을 만들어내면서 살아가고 있다. 우리가 식물이나 동물 그리고 버섯에 이르기까지 다양한 종류의 생명체를 먹을 수 있는 것은 이 때문이다. 지구상의 생명체를 이루고 있는 물질은 우리 몸을 구성하는 물질과 기본적으로 같은 성분으로 이루어져 있다.

우주에서 우주 생명체를 발견한다면 가장 먼저 유전자의 구조부터 살펴보아야 할 것이다. 만약 우주 생명체들도 지구 생명체들과 같은 형태의 유전정보를 이용하여 같은 물질을 만들어내고 있다면 그들을 우리와 기본적으로 같은 생명체로 간주할 수 있을 것이다. 그러나 전혀 다른 형태의 유전자를 가지고 있고 전혀 다른 물질로 이루어져 있다면 우리와 전혀 다른 생명체라고 할 수 있을 것이다.

생명체는 어디에서 시작되었을까?

☆ 밀러의 실험은 생명체가 따뜻한 물웅덩이에서 시작되었을 것이라는 다윈의 가설을 바탕으로 하고 있다. 그러나 많은 학자들은 지구 초기의 환경이 다윈이 생각했던 따뜻한 물웅덩이보다는 훨씬 가혹

했을 것이라 생각하고 있다. 밀러 실험의 기본 가정에 문제가 있다고 생각하는 과학자들은 생명체가 처음 만들어진 곳을 다른 곳에서 찾고 있다.

생명체가 처음 만들어진 곳을 찾아내는 연구에서 중요한 길잡이 역할을 한 것은 생명체의 분류체계였다. 근대적 생물 분류체계를 만든 스웨덴의 식물학자 칼 폰 린네는 1735년에 생물을 동물계와 식물계로 나누고, 계는 강으로, 강은 목으로, 목은 속으로, 속은 종으로 세분했다. 현대 분류체계에는 린네의 분류체계에는 없던 계와 강 사이의 문과 목과 속 사이에 과가 추가되었다.

계 Kingdom	문 Phylum	강 Class	목 Order	과 Family	속 Genus	종 Species

■ 생명체의 분류체계

그러나 실제 생명체의 분류체계는 이보다 훨씬 복잡하다. 다양한 종류의 식물이나 동물을 일목요연하게 분류하는 것이 어렵기 때문이다. 따라서 생물학자들은 각 분류 단위를 상, 아, 하, 소 등으로 더 세밀하게 분류하고 있다. 예를 들어 목에 속한 동물들은 다시 상목, 아목, 하목, 소목 등으로 세분한다.

1990년 미국의 미생물학자 칼 우즈는 생명체를 세균, 고세균, 진핵생물 등 세 개의 역(도메인)으로 분류하는 새로운 분류체계를 제안했다. 모든 생명체를 이루는 기본 단위인 세포에는 유전정보를 가지고 있는 유전물질이 들어 있다. 막으로 구분된 세포핵 속에 유전물질

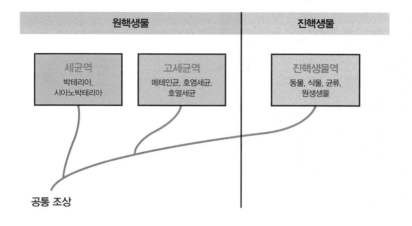

원핵생물		진핵생물
세균역 박테리아, 시아노박테리아	**고세균역** 메테인균, 호염세균, 호열세균	**진핵생물역** 동물, 식물, 균류, 원생생물

공통 조상

▪ 모든 생명체는 3개의 역으로 구분할 수 있다.

이 들어 있는 세포를 진핵세포라고 한다. 우리가 알고 있는 동물이나 식물들은 대부분 진핵세포로 이루어진 진핵생물이다.

반면에 유전물질은 가지고 있지만 막으로 구분된 세포핵을 가지고 있지 않은 세포를 원핵세포라고 한다. 세균과 고세균은 원핵세포로 이루어진 원핵생물이다. 고세균과 세균은 세포막이나 단백질의 구성 성분이 서로 다르다. 이름으로만 보면 고세균이 가장 먼저 등장하고, 세균이 그 다음 등장했으며, 마지막으로 진핵생물이 등장했을 것이라고 예상하기 쉽다. 그러나 여러 가지 특성을 조사한 과학자들은 고세균이 진핵생물에 더 가깝다는 것을 알아냈다.

이것은 모든 생명체의 공통 조상에서 먼저 세균이 갈라져 나가고, 다음에 고세균과 진핵생물이 분화되었다는 것을 의미한다. 고세균 중에는 산소가 없는 환경에서 살아가는 메테인균, 높은 온도에서

■ 심해 열수공

살아가는 호열균, 높은 염도에서 살아가는 호염균들이 포함되어 있다. 이러한 생명체들은 생명체의 공통 조상이 따뜻한 물웅덩이가 아니라 극한 환경에서 처음 나타났을 가능성이 있다는 것을 나타낸다.

1970년대에 있었던 심해에 대한 탐사는 이런 가능성을 더욱 높게 해주었다. 1977년 두 명의 해양 지리학자들이 심해 잠수정을 조종해 처음으로 갈라파고스 군도 근처에서 해수면으로부터 2.4km 아래에 있는 심해 열수공을 발견했다. 지하에서 뜨거워진 물이 차가운 심해로 뿜어져 나오고 있는 것이 심해 열수공이다. 열수공에서 솟아 나온 뜨거운 물이 식으면 물에 녹아 있던 물질들이 석출되어 분출구 주위에 구멍이 많은 큰 바위 굴뚝이 만들어진다.

열수공 주변에는 많은 종류의 생명체들이 살고 있다. 이들은 태양을 한 번도 본 적이 없고, 태양열을 이용한 적도 없다. 이 생명체들은 태양열 대신 지열을 이용해서 살아가고 있다. 지열은 지구가 만들어질 때부터 남은 열과 불안정한 방사성 동위원소가 붕괴될 때 내놓는 열이 합쳐진 열이다. 이 생명체들은 식물이 태양 에너지를 이용해 광합성을 하는 것과는 달리 지열 에너지를 이용하여 화학 합성을 하고 있다.

열수공 부근에서 발견되는 생명체들이 지구상에 최초로 나타난 생명체들은 아니다. 이 생명체들은 최초로 나타난 생명체로부터 이런 환경에서 살아갈 수 있도록 진화한 생명체들이다. 그러나 이런 생명체들의 존재는 생명체가 시작된 장소가 꼭 따뜻한 물웅덩이가 아닐 수 있다는 것을 보여준다.

생명체가 시작된 곳을 찾고 있는 과학자들은 따뜻한 물웅덩이보다 이런 환경에서 최초 생명체가 나타났을 가능성이 높다고 생각하고 있다. 지구가 처음 형성되었을 때는 지구 대기에 산소가 포함되어 있지 않았기 때문에 태양에서 오는 자외선을 막아줄 오존층도 없었다. 따라서 태양으로부터 오는 자외선이 강한 얕은 물웅덩이보다는 자외선이 침투할 수 없는 깊은 바다 밑이 새로 태어난 생명체에게 더 안전한 장소였다는 것이다.

그렇다면 해양 가장자리의 따뜻한 작은 물웅덩이나 뜨거운 물이 솟아나오는 심해 열수공 외에 다른 곳에서 생명이 시작되었을 가능성은 없는 것일까? 과학자들 중에는 생명이 시작되는 데는 따뜻한 물웅덩이나 열수공과 같은 극한 환경이 아니라 다른 요소가 중요한 역할을 했을 것이라고 믿는 사람들도 있다. 그런 과학자들은 암석이나 진흙이 생명의 시작에 중요한 역할을 했을 것으로 믿고 있다. 암석이 외부의 충격을 막아주는 안정한 장소와 간단한 분자들이 큰 분자로 성장하는 데 도움을 주는 표면을 제공했다는 것이다. 그리고 진흙에 포함된 결정 입자들이 화학반응을 촉진시키는 촉매로 작용하여 생명체 발생을 도왔다고 주장한다.

그런가 하면 생명의 씨앗이 우주에서 왔다고 주장하는 사람들도 있다. 이런 주장을 범종설 또는 배종발달설이라고도 부른다. 운석 안에 생명을 이루는 분자인 아미노산과 같은 유기물이 포함되어 있다는 것을 알아낸 과학자들은 다른 천체에서 날아온 운석 안에서 생명체의 흔적을 찾으려 노력하고 있다. 1984년 남극 대륙에서 발견된 화성에서 날아온 것으로 보이는 운석 안에서 세균과 비슷한 생명체의 화석을 발견했다고 발표하여 사람들의 관심을 끈 적도 있다.

그러나 이 모든 주장이나 이론은 아직 확실한 증거를 제시하지 못하고 있다. 언제 생명체가 시작되었는가 하는 문제와 마찬가지로 어디에서 생명체가 시작되었는가 하는 문제도 아직 답을 찾아내지 못하고 있는 셈이다.

생명체는 어떻게 시작되었을까?

☆ 생명체가 어떻게 시작되었는지를 밝혀내는 것은 생명체가 언제 어디에서 시작되었는지를 밝혀내는 것보다 훨씬 어려운 일이다. 암석 중에는 아주 복잡한 구조를 가진 결정을 포함하고 있는 것들도 있다. 그러나 구조가 아무리 복잡하더라도 암석은 생명체라고 할 수 없다. 밀러의 실험은 무기물에서 생명체를 이루는 물질인 유기물이 자연에서 합성될 수 있다는 것을 보여준 실험이었다. 그러나 이렇게 만들어진 유기물도 복잡한 분자일 뿐 생명체는 아니다.

생명체는 세포로 이루어져 있다. 따라서 생명체가 만들어지기 위해서는 우선 세포가 만들어져야 한다. 세포가 만들어지기 위해서는 외부 환경과 세포를 구분하는 세포막이 먼저 만들어져야 한다. 세균과 같이 하나의 세포로 이루어진 생명체에서는 세포를 둘러싸고 있는 지방층이 세포와 환경을 구별하는 경계 역할을 한다. 수많은 세포로 이루어진 생명체에서도 세포막은 각각의 세포들이 특정한 역할을 하기 위해서 필요하다.

과학자들은 생명체를 이루는 유기물질에서 세포막과 비슷한 구조가 만들어지는 과정을 실험을 통해 보여주기도 했다. 세포막으로 구분된 세포 안에는 생명물질을 이루는 분자들이 떠다니는 액체가 들어 있다. 그러나 거품 방울 같이 막으로 둘러싸인 물체가 생겼다고 해서 그것을 세포라고 할 수는 없다. 생명체의 가장 중요한 특징은 자손을 만들어낼 수 있다는 것이다. 따라서 생명체의 구성 요소인 세포가 만들어지는 과정을 밝혀내기 위해서는 우선 자신과 같은 분자를 만들어낼 수 있는 복제기능을 가지고 있는 물질이 어떻게 만들어졌는지 밝혀내야 한다.

현재 존재하는 모든 세포 안에는 유전정보를 포함하고 있는 DNA 분자가 들어 있다. DNA 분자에는 생명체를 이루는 데 필요한 단백질이나 효소를 만들어내는 데 필요한 정보가 들어 있다. 우리 몸 안에서 다양한 기능을 하는 10만 종이 넘는 단백질은 DNA에 포함되어 있는 유전정보를 이용해 만들어진다. 그러나 DNA 분자들은 유전자의 발현과 조절에 중요한 작용을 하는 단백질에 감겨져 있기 때문에 단백질이 없으면 DNA가 기능을 발휘할 수 없다. 그렇다면 단백질이 먼저 만들어졌을까 아니면 DNA가 먼저 만들어졌을까? 과학자들이 이 문제의 답을 찾기 위해 많은 노력을 하고 있지만 아직 정확한 답을 찾지 못하고 있다.

과학자들은 최초 생명체가 어떻게 시작되었는지를 밝혀내는 방법의 일환으로 DNA를 합성하여 세포막과 비슷한 막이 감싸고 있는 구조를 만들어내는 실험을 하고 있다. 이렇게 만들어진 세포가 자체 복사를 통해 똑같은 구조를 가진 자손을 만들어낼 수 있게 되면 원시세포를 만들어내는 데 성공했다고 할 수 있을 것이다. 그러나 거기까지 가려면 아직도 먼 길을 더 가야 한다.

그렇게 해서 원시세포와 비슷한 구조를 만드는 데 성공한다고 해도 그것으로 지구 생명체가 어떻게 시작되었는지 밝혀냈다고 할 수는 없을 것이다. 왜냐하면 우리가 실험실에서 세포와 비슷한 구조를 만들어낸 것과 같은 방법으로 지구 생명체가 시작되었다고 단정할 수 없기 때문이다. 이 원시세포가 지구 생명체의 조상이라는 것을 보이기 위해서는 40억 년의 진화 과정을 통해 현재 지구상에 살아가고 있는 것과 같은 다양한 생명체로 진화해 가는 것을 보여주어야 한다. 그러나 실험실에서 40억 년이나 되는 긴 시간이 필요한 실험을 해볼 수는 없다.

생명체가 어떻게 시작되었는지를 밝혀내는 것은 과학이 풀어내야 할 가장 어려운 숙제이다. 이 문제의 답을 찾으면 우리가 누구인지, 그리고 우리가 존재하는 이유가 무엇인지에 대한 우리의 생각이 크게 달라질 것이다. 어쩌면 생명체가 만들어지는 과정은 자연이 우리에게 숨기고 싶어 하는 가장 큰 비밀일는지도 모른다.

진화는 어떻게 일어날까?

☆ 생명체가 언제 어디서 어떻게 시작되었는지를 정확하게 알 수는 없지만 현재 지구상에 살고 있는 다양한 생명체들이 40억 년 전 지구상에 나타난 단세포 생명체로부터 진화했다는 것은 알 수 있다. 지구 곳곳에서 발견되는 수많은 생명의 흔적들이 그것을 알려주고 있기 때문이다. 그렇다면 하나의 세포로 이루어졌던 최초의 생명체가 어떤 과정을 통해 현재 우리가 보고 있는 것과 같은 복잡한 생명체로 진화할 수 있었을까?

영국의 찰스 다윈은 1859년에 출판한 『종의 기원』이라는 책을 통해 생명체가 자연선택 과정을 거쳐 진화한다고 주장했다. 자연선택을 통해 진화한다는 것은 무슨 의미일까?

진화를 이야기할 때 우리는 하등 생명체에서 고등 생명체로의 변화를 상상한다. 마치 생명체가 고등 생명체가 되고야 말겠다는 굳센 의지를 가지고 줄기차게 고등 생명체를 향해 달려온 것처럼 생각하기 쉽다. 때로는 생명체가 환경이나 먹이의 부족을 극복하기 위해 놀라운 전략과 전술을 사용해 진화를 이루어냈다고 설명하기도 한다. 생명체의 진화는 정말 더 나은 생명체로 발전하려는 생명체의 의지로 인해 가능했던 것일까?

다윈이 제시한 자연선택에 의한 진화는 이와는 전혀 다른 것이다. 자연선택에 의한 진화는 생명체와 자연의 상호작용을 통해 이루어진다. 진화가 일어나기 위해서는 우선 생명체가 조금씩 다른 자손을 만들어낼 수 있어야 한다. 부모로부터 태어난 자손이 모두 똑같다면 진화는 일어나지 않을 것이다. 조금씩 다른 자손이 태어나는 것을 변이라고 한다. 때로는 어버이와 크게 다른 자손이 나타나기도 하는데 이런 것이 돌연변이다. 변이는 특정한 방향으로 일어나는 것이 아니라 모든 방향으로 일어난다.

예를 들어 기린이 목이 긴 기린으로 진화하기 위해서는 우선 같은 기린에게서 태어난 새끼 기린의 목의 길이가 조금씩 달라야 한다. 목이 긴 기린이 사바나 환경에서 살아남는 데 유리하다고 해서 목이 긴 새끼만을 낳을 수는 없다. 기린은 목이 긴 기린과 목이 짧은 기린을 낳는다.

이렇게 한 어버이에게서 조금씩 다른 자손이 태어나면 그중에 어느 자손이 살아남느냐를 결정하는 것은 자연이다. 자연은 조금씩 다른 개체들 중에서 주어진 환경에서 살아남기에 가장 유리한 특성을 가지고 있는 개체를 선택한다. 부모와 조금씩 다른 개체를 만들어내는 변이에는 방향성이 없지만 자연선택 과정을 거치고 나면 방향성이 생긴다.

목의 길이가 조금씩 다른 기린들 중에서 목이 더 긴 기린을 선택하는 것은 자연이다. 다양한 길이의 목을 가진 기린을 만들어내는 변

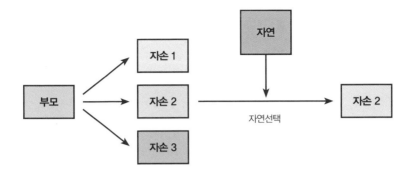

■ 생물의 진화는 부모가 다양한 형질을 가진 자손을 만들어내고, 자연이 그중에서 환경에 가장 잘 적응하는 자손을 선택하여 이루어진다.

이와 목이 긴 기린을 선택하는 자연의 상호작용이 기린의 목이 길어지는 방향으로의 변화를 만들어낸다. 이것을 보고 우리는 기린이 사바나에서 살아남기 위해 목이 길어지는 전략을 선택했다고 설명하기도 한다.

진화론을 처음 제안한 사람은 다윈이 아니었다. 다윈이 태어나던 해인 1809년에 프랑스의 생물학자 장 바티스트 라마르크는 자주 사용하는 기관은 더욱 발달하고 사용하지 않는 기관은 퇴화되어 사라진다는 용불용설을 바탕으로 한 진화론을 제안했다. 라마르크는 진화가 일어나는 원인을 생명체 자체에서 찾으려고 했다. 그러나 다윈은 진화가 생명체와 자연의 상호작용을 통해 일어난다고 주장한 것이다.

40억 년 전에 처음 지구상에 나타난 생명체가 오늘날 우리가 보고 있는 것과 같은 다양한 생명체로 진화해야 하겠다는 의지를 가지고 있었던 것은 아니다. 생명체들은 변이를 통해 조금씩 다른 특성을 가진 자손을 꾸준히 만들어냈고, 자연은 그중에서 환경에 더 잘 적응하는 개체들을 걸러냈다. 그 결과 지구가 현재 우리가 볼 수 있는 다양한 생명체들로 넘쳐나는 생명체로 가득한 행성이 된 것이다.

생명체의 진화가 생명체와 자연의 상호작용의 결과라는 것은 생명의 진화에 신의 의지나 자연 자체의 목적이 개입되어 있지 않다는 것을 뜻한다. 과학의 발전이 자연에 대한 지식의 축적에 의해 이루어지는 것이 아니라 기존의 패러다임이 새로운 패러다임으로 바뀌는 혁명적인 과정을 통해 이루어진다고 주장한 미국의 과학사학자 토마스 쿤은 생명체의 진화에서 신의 역할이나 자연의 목적을 배제한 것은 생물학에 있었던 가장 중요한 과학 혁명이었다고 주장했다. 뉴턴역학이 물질세계에서 신을 배제했다면 다윈의 진화론은 생명의 세계에서 신을 배제했다고 할 수 있다.

모든 생명체는 자신과 같은 유전자를 가진 자손을 남기고 싶어 한다. 자손을 남기기 위해 여러 가지 전략을 구사하는 동물들의 모습에서 자신과 같은 유전자를 남기고 싶어 하는 본능이 얼마나 강한지 알 수 있다. 그러나 똑같은 유전자를 가진 자손만을 낳으면 변화해가는 환경에서 살아남을 수 없기 때문에 조금씩 다른 유전자를 가진 다양한 자손을 만들어내야 한다. 따라서 자신과 똑같은 유전자를 가진 자손을 남기고 싶어 하는 본능과 다양한 형질을 가진 자손을 만들어내야 하는 필요성 사이에서 타협해야 한다.

생명체의 진화에서 중요한 역할을 하는 자연환경에는 물이나 영양분, 온도와 같은 자연적인 요소들은 물론 그 개체를 제외한 다른 생명체들도 포함된다. 때로는 물리적인 요소들보다 경쟁 관계에 있거나 먹이사슬을 이루고 있는 다른 생명체들이 자연선택에 더 많은 영향을 주기도 한다.

어떤 식물은 동물에게 해로운 독성 물질을 가지고 있다. 그 식물이 그런 독성 물질을 가지도록 진화시킨 것은 그 식물을 먹고 사는 동물들이다. 식물은 변이를 통해 독성 물질을 가진 자손과 그렇지 않은 자손을 만들어냈다. 그런데 독성 물질이 없는 식물은 동물들이 다 먹어치워 자손을 남기지 못했지만, 독성 물질을 가진 식물은 더 많은 자손을 남길 수 있었다. 결국 그것을 먹고 사는 동물과 식물의 상호 작용이 식물이 독성 물질을 가지도록 진화시킨 것이다.

그런가 하면 독성을 가진 식물은 그 식물을 먹고 사는 동물을 독성에 이겨낼 수 있는 동물로 진화시켰다. 독성을 이겨낼 수 없는 동물보다 독성을 이길 수 있는 동물이 더 많은 자손을 남길 수 있었기 때문이다.

꽃이 피는 식물이 더 많은 씨앗을 맺기 위해서는 꽃가루를 날라다 주는 벌이 많아야 한다. 꽃이 피는 식물이 많으면 꽃에서 나는 꿀을 먹고 사는 벌이 늘어난다. 벌이 늘어나면 꽃피는 식물이 더 많은 씨앗을 남길 수 있다. 이렇게 생명체들은 서로에게 영향을 주면서 함께 진화해 간다. 이런 것을 공진화라고 부른다. 생명체 진화에서 공진화는 중요한 역할을 한다.

다른 별을 돌고 있는 지구와 똑같은 물리적 조건을 갖춘 외계 행성에 지구 초기에 나타났던 것과 같은 생명체가 나타났다고 가정해 보자. 이 생명체가 지구에서와 같은 진화 과정을 거쳐 오늘날 우리가 볼 수 있는 생명체로 진화하는 것이 가능할까? 생명체의 진화에는 지질학적 환경이 크게 영향을 주므로 지구에서와 똑같은 생명체가 나타나기 위해서는 지질학적 역사가 같아야 한다. 그러나 지구와 똑같은 물리적 조건을 가지고 있다고 해도 46억 년 동안 똑같은 지질학적 사건이 일어날 가능성은 거의 없다. 따라서 지구 생명체와 같은 진화 과정을 거치지는 않을 것이다.

만약 지구에서와 똑같은 지질학적 사건들이 일어났다면 어떨까? 그런 경우에도 지구 생명체와 같은 생명체가 나타날 가능성은 거의 없다. 진화에는 수십억 년 동안 일어난 수많은 우연한 사건들과 확률이 관련되어 있다. 따라서 똑같은 환경이라고 해서 똑같은 진화 과정을 밟을 가능성은 없다. 서로 다른 장소에서 똑같은 진화 과정을 거치는 것을 평행진화라고 한다. 평행진화가 가능하다면 우주 여기저기에 우리와 같은 외계인이 살아가고 있을 것이다. 그러나 다윈의 진화에서 평행진화는 가능하지 않다. 따라서 먼 훗날 우리가 만나게 될 외계인은 우리와 전혀 다른 구조와 모습을 한 전혀 다른 생명체일 것이다.

그러나 다른 진화 과정을 거친 경우에도 똑같은 환경에 적응하기 위해서는 결국은 비슷한 모습과 기능을 가진 생명체로 진화할 가능성은 있다. 다른 진화 과정을 거쳤지만 비슷한 모습을 하게 되는 것을 수렴진화라고 한다. 고래와 상어가 전혀 다른 진화 과정을 거쳤지만 비슷한 모습을 가지게 된 것은 수렴진화의 예이다. 이런 경우에는 지구와 똑같은 환경을 가진 외계 행성에 우리와 비슷한 모습을 한 외계인이 살고 있을 가능성이 있다. 그러나 그들의 유전자나 유전자가 작동하는 방법은 우리와 전혀 다를 것이다.

40억 년 전에 지구상에 나타난 생명체는 막으로 둘러싸인 핵이 없는 세포로 이루어진 원핵생물이었다. 원핵생물이 변이와 자연선택을 통해 오늘날의 생명체로 진화하는 데는 40억 년이 걸렸다. 40억 년 중 약 35억 년은 막으로 둘러싸인 핵을 가진 진핵세포로 이루어진 생명체로 변화하고, 하나의 세포가 아니라 다양한 기능을 하는 여러 개의 세포로 이루어진 다세포 생물로 진화하는 데 소비했다.

오늘날 우리가 볼 수 있는 다양한 생명체들의 조상이 나타난 것은 약 5억 4200만 년 전이다. 그 후에는 아주 빠른 속도로 진화가 이루어졌다. 침팬지의 조상과 분리된 인류의 조상은 약 700만 년이라는 짧은 기간 동안에 현재의 인류로 진화했다.

지구와 생명의 역사 산책

현재 지구에는 얼마나 많은 종이 살고 있을까?

지구는 생명체로 가득한 행성이다. 지구의 거의 모든 곳에는 생명체들이 살아가고 있다. 열대우림이나 온대지역과 같이 생명체가 살아가기에 좋은 환경에는 말할 것도 없고, 물이 없는 사막이나 추운 극지방 그리고 햇빛이 도달하지 못하는 깊은 바다나 지하 깊은 곳에도 생명체들이 살아가고 있다. 그렇다면 지구에 살고 있는 생명체들의 종의 수는 얼마나 될까?

지구에 살고 있는 생명체가 모두 몇 종이나 되는지를 정확하게 알고 있는 사람은 아무도 없다. 그것은 지구에 살고 있는 생명체의 종류가 너무 많기 때문이기도 하고, 지구에 살고 있는 생명체에 대한 연구가 충분히 이루어지지 않았기 때문이기도 하다. 현재까지 발견되어 공식적으로 등록된 종의 수는 약 150만 종이다. 그러나 매년 1만 5000종 내지 2만 종의 새로운 생명체가 발견되고 있어 이 숫자는 빠르게 변하고 있다.

그렇다면 과학자들이 추정하고 있는 생명체 종의 수는 얼마나 될까? 생명체 종의 수에 대한 추정치는 연구자에 따라 큰 차이를 보인다. 일부 연구자들은 지구에 살고 있는 생물 종의 수가 200만 종 정도라고 주장하고, 어떤 연구자들은 1200만 종이 넘는다고 주장하고 있다. 그런가 하면 지구 생물 종의 수가 20억 종이 넘을 것이라고 추정하는 과학자도 있다. 이것은 현재까지 발견된 생물 종의 수보다 1000배가 넘는 수이다.

이렇게 많은 생물 종의 대부분은 세균들이다. 2017년에 발표된 연구 결과에 의하면 세균 종이 전체 생물 종의 78%를 차지하고 있다. 세균 다음으로 많은 종을 가지고 있는 생명체는 버섯과 곰팡이를 포함하고 있는 균류로 전체 생물 종의 7.4%를 차지하고 있다. 동물과 원생동물은 각각 약 7.3%를 차지하고 있다. 우리 주위에서 쉽게 발견할 수 있는 식물은 생각보다 종의 수가 적어 전체 생물 종의 약 0.002%밖에 안 된다.

그렇다면 세균과 식물을 제외한 동물의 종은 어떻게 분포되어 있을까? 동물 중에서 가장 많은 종을 포함하고 있는 동물은 절지동물에 속하는 곤충이다. 곤충은 전체 동물 종의 73%나 된다. 절지동물에 속하는 거미류와 갑각류도 각각 8%, 3%를

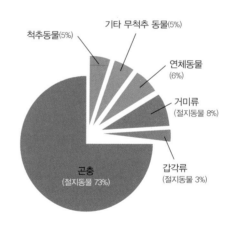

■ 동물 종의 분포

차지하고 있어 전체 동물 중 절지동물이 차지하는 비율은 84%나 된다. 종의 수로만 따진다면 지구는 절지동물의 행성이다. 절지동물 다음으로 많이 분포하고 있는 동물은 달팽이, 오징어 등이 포함되어 있는 연체동물로 전체 동물의 6%를 차지하고 있다.

절지동물과 연체동물을 제외한 기타 무척추동물은 전체 동물 종의 5% 정도 된다. 양서류, 파충류, 조류, 어류, 포유류가 포함되어 있는 척추동물도 전체 동물 종의 5%를 차지하고 있다. 사람이 속해 있는 포유류의 종 수는 약 4000종으로 전체 동물 종에서 차지하는 비율은 0에 가깝다.

식물 종의 수는 동물 종의 수보다 훨씬 적어 모두 30만 종 정도 된다. 식물 중에는 속씨식물이 가장 많아 87%를 차지하고 있고, 소나무를 비롯한 겉씨식물은 0.3%를 차지하고 있으며, 고사리를 비롯한 양치류는 4.3%를 차지하고 있다.

이런 숫자들이 모두 정확한 것은 아니지만 지구상에 살고 있는 생명체가 얼마나 다양한지를 보여주기에는 충분하다. 40억 년 동안 이루어진 개체의 변이와 자연의 선택이 이런 다양한 생명체들을 만들어냈다. 지구는 생명체로 가득한 행성이다.

3장

대산소 사건과
눈덩이 지구

산소는 모든 원소들 중에서 여덟 번째로 가벼운 원소로 여덟 개의 양성자와 여덟 개의 중성자로 이루어진 원자핵 주위를 여덟 개의 전자가 돌고 있다. 이런 산소를 산소-16 또는 ^{16}O이라고 나타낸다.

지구 전체로 보면 산소는 철 다음 두 번째로 많은 원소이다. 그러나 무거운 철은 대부분 지구의 가장 안쪽에 있는 핵에 포함되어

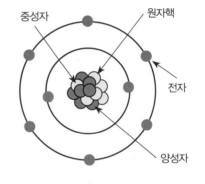

■ 산소 원자는 8개의 양성자와 8개의 중성자로 이루어진 원자핵과 원자핵 주위를 돌고 있는 8개의 전자로 이루어져 있다.

있기 때문에 지각에는 산소가 가장 많아 약 46%나 된다. 지각에 있는 산소는 대개 암석을 이루고 있는 광물 안에 포함되어 있다.

바다를 이루고 있는 물도 두 개의 수소 원자와 하나의 산소 원자가 결합하여 만들어진다. 따라서 원자의 수로 보면 물을 이루고 있는 원자의 3분의 1이 산소인 셈이다. 그러나 산소 원자는 수소 원자보다 여덟 배나 더 무겁기 때문에 무게로 보면 물 무게의 89%를 산소가 차지하고 있다. 지구를 둘러싸고 있는 공기 중에도 산소가 질소 다음으로 많이 포함되어 있다. 현재 지구 대기의 약 21%가 산소이다. 산소는 생명체를 이루는 단백질과 지방 그리고 탄수화물의 구성 원소이기도 하다. 따라서 생명체 안에도 많은 양의 산소가 들어 있다.

산소는 다른 원소와 잘 반응하는 원소이다. 따라서 대부분의 산소는 다른 원소와 단단하게 결합되어 있다. 산소와 결합하여 만들어진 물질을 산화물이라고 부르는데, 산화물은 매우 안정한 화합물이어서 쉽게 분해되지 않는다. 암석은 대부분 산화물로 이루어져 있다. 지구가 형성되고 얼마 되지 않아 만들어진 암석이 수십 억 년이 지난 오늘날까지 남아 있는 것은 산화물이 매우 안정하기 때문이다. 지구 생명체에게 가장 중요한 물은 수소의 산화물이다.

그런데 산소에는 여덟 개의 양성자와 여덟 개의 중성자를 가지고 있는 산소-16만이 있는 것이 아니다. 안정한 산소 중에는 열 개의 중성자를 가지고 있는 산소-18과 아홉 개의 중성자를 가지고 있는 산소-17도 있다. 산소-16이 가장 많아 전체 산소의 99.76%를 차지하고 있고, 산소-18과 산소-17은 모두 합해도 0.24%밖에 안 된다. 이런 산소의 동위원소들은 화학적 성질이 비슷해 모든 산화물에도 같은 비율로 들어 있다. 그러나 어떤 산소의 동위원소가 들어 있느냐에 따라 무게와 같은 물리적 성질이 조금씩 다르다.

산소-16을 포함하고 있는 물보다 산소-18을 포함하고 있는 물이 약간 더 무겁다. 따라서 낮은 온도에서는 산소-16을 포함하고 있는 가벼운 물이 산소-18을 포함하고 있는 무거운 물보다 더 빨리 증발한다. 이 때문에 낮은 온도에서 증발한 수증기에는 산소-18로 이루어진 물 분자의 양이 적고, 높은 온도에서 증발한 수증기에는 산소-18을 포함하는 물 분자의 양이 상대적으로 많다. 과학자들은 오래전에 형성된 암석, 얼음, 생명체의 잔해 등에 포함되어 있는 산소-18을 포함하고 있는 물의 양을 조사하여 수백만 년 전 또는 수억 년 전 지구의 온도를 알아내고 있다.

산소는 지구에 가장 흔한 원소이지만 처음 형성된 지구의 물이나 대기에는 산소 기체가 포함되어 있지 않았다. 모든 산소들이 다른 원소들과 결합하여 산화물을 이루고 있었기 때문이다. 산소가 없는 환경에서는 물질들이 화학반응을 통해 쉽게 더 크고 복잡한 분자를 만들 수 있었다. 최초의 생명체는 이런 환경에서 만들어졌다.

그러나 태양 빛의 에너지를 이용하여 이산화탄소를 산소와 탄소로 분리하여 탄소는 영양물질을 만드는 데 사용하고 산소 기체를 방출하는 생명체가 나타났다. 탄소 동화작용을 하는 시아노박테리아가 그런 생명체였다. 탄소 동화작용을 하는 생명체가 만들어낸 산소 기체는 여러 가지 다른 물질과 결합해 산화물을 만들기 때문에 시간이 가면 그 양이 줄어들어 결국은 사라져야 한다. 오늘날 대기 중에 포함된 산소 기체의 양이 21%를 유지하는 것은 줄어드는 산소 기체의 양만큼 탄소 동화작용을 하는 식물들이 계속 산소 기체를 만들어내고 있기 때문이다.

탄소 동화작용을 하는 시아노박테리아가 방출한 산소 기체는 지구 환경을 바꿔놓기 시작했다. 물이나 대기에 산소 기체가 많이 포함되자 지구는 이전의 지구와는 전혀 다른 장소가 되었다. 생명체가 만들어낸 산소 기체가 지구 환경을 완전히 바꾸어 놓은 것이다. 이것을 대산소 사건이라고 부른다. 그렇다면 대산소 사건은 어떻게 진행되었고, 그 결과 지구는 어떻게 변했을까? 그리고 그것은 지구 생명체 진화에 어떤 영향을 주었을까?

광합성을 하는 생명체의 등장

☆ 현재 지구에서는 인류에 의한 환경 파괴가 심각한 문제가 되고 있다. 산업화의 결과로 늘어난 대기 중의 이산화탄소가 지구 온난화를 가속시키고 있다는 이야기를 자주 들을 수 있고, 사람들이 만들어 낸 플라스틱을 비롯한 각종 쓰레기가 멀리 남극이나 북극의 생태계에도 위협을 주고 있다는 이야기도 들려온다. 그러나 지구상에 살고 있는 생명체에 의해 지구의 환경이 크게 변한 예는 이번이 처음이 아니다.

처음 지구상에 나타난 세포막을 가지고 있지 않은 원핵생물은 물속에 녹아 있는 영양분을 섭취해 살아갔을 것이다. 다시 말해 최초로 나타난 생명체는 스스로 영양물질을 만들지 않고 자연에 존재하는 영양분을 먹고 살았을 것이다. 산소가 없는 지구 환경에는 영양물질이 풍부했기 때문에 큰 문제가 되지 않았을 것이다. 그러나 생명체의 수가 늘어나면서 주변에서 얻을 수 있는 영양분이 부족해지기 시작했다.

그러자 태양의 강한 자외선이 도달하지 않는 심해 열수공 근처에서 뜨거운 물의 에너지를 이용하여 영양물질을 만들어내는 생명체가 나타났을 것이다. 산소가 없는 환경에서 메테인을 만들어내는 메테인균이 그런 생명체이다. 메테인균은 지금도 산소가 없는 동물의 장이나 심해에서 메테인을 만들면서 살아가고 있다. 산소가 없는 환경에서 살아가는 이런 생명체들을 혐기성 생명체라고 부른다.

혐기성 생명체가 얕은 바다로 올라온 다음에는 태양 에너지를 이용하여 영양물질을 만드는 방법을 배웠을 것이다. 이것이 광합성 작용이다. 광합성 작용은 태양 에너지를 이용하여 공기 중의 이산화탄소를 분해하여 얻은 탄소와 물을 이용하여 탄수화물과 같은 영양물질을 만드는 과정이다. 이 과정에서는 부산물로 산소 기체가 방출된다.

지금부터 약 35억 년 전 얕은 바다에는 광합성을 하는 시아노박테리아가 나타나 거대한 스트로마톨라이트를 만들었다. 스트로마톨라이트는 수많은 시아노박테리아로 이루어진 막에 암석 알갱이들이 흡착되어 쌓이고 그 위에 다시 시아노박테리아의 막이 생기는 과정을 거치면서 성장한다. 오스트레일리아의 샤크만에서는 이런 방법으로 지금도 스트로마톨라이트가 만들어지고 있다. 시아노박테리아가 최초로 광합성 작용을 한 생명체였는지는 알 수 없다. 하지만 시아노박테리아는 화석을 남긴 가장 오래된 광합성을 하던 생명체였다.

■ 현재도 스트로마톨라이트가 형성되고 있는 오스트레일리아에 있는 샤크만

시아노박테리아가 전 세계 바다에 번성하게 되자 부산물로 내놓는 산소의 양도 증가했다. 혐기성 생명체가 주를 이루고 있던 당시의 지구 환경에서 산소는 생명체를 위협하는 가장 위험한 유독 기체였다. 시아

노박테리아의 증가에 따라 지구는 조금씩 산소 기체로 오염되기 시작했다. 산소의 오염은 지구 생태계를 완전하게 바꾸어 놓았다. 산소 오염은 사건이라고 부르기에는 너무 오랜 기간에 걸쳐 천천히 진행되었지만 그 결과는 지구를 완전히 바꾸어 놓기에 충분했다.

그렇다면 과학자들은 수십억 년 전의 공기 중 산소 함유량을 어떻게 알아낼까? 수십 억 년 전의 대기 중에 포함되었던 산소의 양은 당시에 형성된 지층에 포함된 산화물의 유무나 종류, 탄소나 황의 동위원소 비율의 변화, 그리고 산화제일철(FeO)과 산화제이철(Fe_2O_3)의 비율과 같은 것들을 조사하여 알아낸다. 공기나 물에 포함된 산소 기체의 양이 이런 양들에 영향을 주기 때문이다.

그러나 공기 중 산소 함유량을 알아내는 가장 확실한 방법은 그 당시의 공기를 조사하는 것이다. 다행히도 그 당시의 공기가 보존되어 있는 곳이 있다. 원자들이 규칙적으로 배열되어 만들어진 물질을 결정이라고 부른다. 이런 결정 안에 작은 공간이 남아 있는 경우가 있다. 이런 작은 공간에는 결정이 만들어질 당시의 공기가 들어 있다. 한 번 만들어진 결정은 좀처럼 변하지 않기 때문에 이 공기 방울은 수십억 년을 그곳에 남아 있게 된다.

특히 소금으로 이루어진 암염 결정 중에 이런 공기 방울이 포함되어 있는 경우가 있다. 남극이나 북극에 쌓여 있는 얼음 안에 포함되어 있는 공기 역시 과거 지구 대기의 성분을 알아내는 데 사용된다.

과학자들은 이런 여러 가지 방법을 이용하여 지구 대기 중의 산소 함유량의 변화가 24억 5000만 년 전부터 8억 7000만 년 전까지 약 26억 년 동안에 지구 환경을 크게 바꾸어 놓았다는 것을 알게 되었다. 산소량의 증가는 이 기간 동안에 있었던 생명체의 진화나 지구 환경의 변화에서 중요한 역할을 했다.

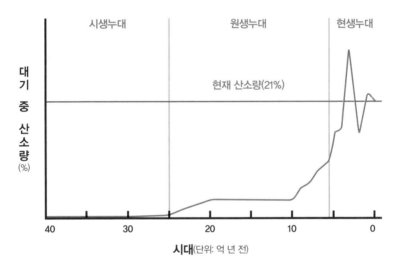

■ 대기 중 산소 함유량의 변화

호상 철광석의 생성

☆ 광합성 작용을 하는 생명체가 나타난 것은 35억 년 전보다도 이른 시기였겠지만 지구 대기에 산소량이 늘어나기 시작한 것은 이보다 10억 년 후인 24억 5000만 년 전부터였다. 그렇다면 이 기간 동안에 만들어진 산소는 어디로 갔을까?

처음 만들어진 산소는 바닷물 속에 녹아 있는 금속 원소와 결합했다. 바닷물에는 여러 가지 금속 원소들이 녹아 있었는데 그중에는 철이 가장 많았다. 광합성을 하는 생명체가 만들어낸 산소라는 위험한 오염물을 제거한 것은 바닷물에 녹아 있던 철이었다. 철은 산소와 쉽게 결합하여 철광석이 되어 바다 밑으로 가라앉았다. 바다 밑으로 가라앉은 철광석은 층층이 쌓여 철광산이 되었다. 이런 철광산의 철광석은 교대로 반복되는 띠 모양의 무늬를 가지고 있어서 호상

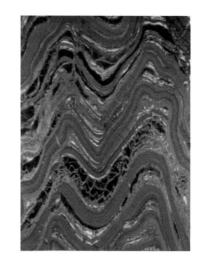

■ 호상 철광석

철광석이라고 부른다.

지구 곳곳에서는 아주 많은 양의 호상 철광석이 발견되고 있다. 지구를 오염시키는 산소를 제거하는 과정에서 생겨난 호상 철광석은 세계 곳곳에서 발견되는 철광석의 약 60%를 차지하고 있다.

호상 철광석 중에는 37억 년 전에 형성된 것도 있다. 그러나 대부분의 호상 철광석은 24억 년 전부터 19억 년 전 사이에 형성되었다. 18억 년 전 이후에는 호상 철광석의 형성이 현저하게 줄어들었다가 7억 5000년 전에 다시 호상 철광석의 형성이 증가되었다.

그렇다면 호상 철광석이 띠 모양의 구조를 가지게 된 것은 무엇 때문일까? 호상 철광석에 띠 모양이 만들어진 것은 바닷물에 포함된 산소의 양이 주기적으로 변했기 때문인 것으로 보인다. 그러나 산소 함유량의 변화가 계절적인 변화에 의한 것인지 아니면 다른 알려지

지 않은 원인에 의한 것인지는 확실하지 않다.

바닷물에 포함된 산소의 양이 증가해 호상 철광석이 만들어지는 동안에 바다에 살고 있던 산소를 싫어하는 생명체들은 대부분 멸종되었을 것이다. 광합성을 하는 생명체들이 만들어낸 산소 분자가 간단한 분자들과 결합해 혐기성 미생물들의 먹이를 빼앗아갔기 때문이다.

지구 역사에는 생명체들이 대량으로 멸종하는 사건이 여러 번 있었다. 산소에 의한 혐기성 미생물의 멸종은 지구에 있었던 최초의 대규모 멸종 사건이었다. 그러나 다른 대규모 멸종 사건에서와 마찬가지로 산소에 의한 대규모 멸종 사건에서도 모든 혐기성 생명체가 사라진 것은 아니었다. 산소가 거의 없는 심해나 동물의 장 속과 같이 산소가 없는 환경을 찾아 살아가고 있는 혐기성 미생물이 아직까지도 존재하고 있다.

오존층의 형성

바다에 녹아 있던 금속을 모두 산화시킨 다음에는 산소 기체가 공기 중으로 방출되었다. 아직 육지에는 생명체가 없었으므로 공기 중으로 방출된 산소 기체가 생명체에 영향을 주지는 않았지만 산소 기체로 인해 지구 환경이 크게 변했다.

대기 중에 산소의 양이 증가하면서 나타난 중요한 지구 환경 변화 중 하나는 대기 상층부에 오존층이 생겨난 것이다. 대기 중에 포함된 산소는 태양에서 오는 자외선의 세기가 강한 대기 상층부까지 올라가게 되었다. 가시광선보다 큰 에너지를 가지고 있는 자외선은 산소 분자를 두 개의 산소 원자로 분해할 수 있다. 산소 원자는 다른 산소 분자와 결합하여 세 개의 산소 원자로 이루어진 오존 분자를 형성한다.

이렇게 만들어진 오존은 지상 약 20km 내지 30km 상공에서 오존층을 이루며 지구를 둘러싸고 있다. 오존 분자가 자외선을 흡수하면 산소 원자를 방출하는데, 이렇게 방출된 산소 원자는 다른 산소 분자와 결합하면서 열을 방출한다. 결국 오존은 생명체에게 해로운 자외선을 흡수하고 열을 방출하는 역할을 하게 되는 셈이다. 따라서 대기 상층부에 만들어진 오존층은 지구 생명체의 보호막이 되어 주었다.

오존층은 대기 중에 산소가 증가하기 시작한 20억 년 전부터 만들어지기 시작했을 것이다. 그러나 오존층은 아주 천천히 두꺼워졌다. 과학자들은 위험한 자외선으로부터 지구 생명체를 보호하기에 충분한 정도로 오존층이 두꺼워진 것은 약 6억 년 전이라고 추정하고 있다. 지구 생명체가 폭발적으로 늘어나기 시작한 것은 약 5억 4200만 년 전부터이다. 따라서 오존층이 두꺼워진 것이 지구 생명체의 수가 늘어난 것에 영향을 주었을 것이다.

대기 상층부의 오존층이 충분히 두꺼워지기 전까지 생명체들은 자외선을 막아주는 물속에서만 살아갈 수 있었다. 그러나 오존층이 자외선을 막아주자 육지에서 살아가는 것도 가능하게 되었다. 바다에서 살던 동물들이 육지로 진출한 것은 약 4억 년 전부터이다. 오늘날 지구 생명체들이 바다보다 육지에 더 많이 살 수 있게 된 것은 오존층이 지구를 보호하고 있기 때문이다.

얼음으로 뒤덮인 눈덩이 지구

☆ 1907년 캐나다의 지질학자 아서 콜만은 미국과 캐나다 국경에 있는 휴런호 주변에서 빙하에 의해 퇴적된 지층을 찾아내고 이 지층이 25억 년 전과 22억 년 전 사이에 형성되었다는 것을 밝혀냈다. 그

후 세계 곳곳에서 이와 비슷한 시기에 빙하에 의해 퇴적된 지층들이 발견되면서 원생누대 초기에 지구 전체가 얼음으로 뒤덮이는 빙하기가 있었다는 것이 확실해졌다.

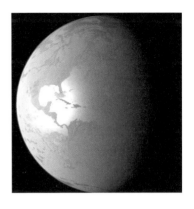

■ 지구 전체가 눈과 얼음으로 뒤덮인 눈덩이 지구

그 후 원생누대 초기의 지층을 조사한 과학자들은 24억 년 전부터 21억 년 전까지 3억 년 동안 지구 전체가 얼음으로 뒤덮이는 대규모 빙하기가 있었다는 것을 알아냈다. 이 빙하기는 아서 콜만이 이 시기의 지층을 처음 발견한 휴런호의 이름을 따라 휴런 빙하기라고 부른다.

처음 이 빙하기의 존재를 알게 된 과학자들은 지구의 세차 운동이나 태양의 변화와 같은 것에서 빙하기의 원인을 찾으려고 노력했다. 그러나 여러 가지 결정에 포함되어 있는 공기에 대한 분석을 통해 이 시기에 공기 중의 산소량이 크게 증가했다는 것을 알게 된 과학자들은 빙하기의 원인을 산소의 증가에서 찾기 시작했다.

초기 지구 대기에는 화산 활동을 통해 지구 내부에서 방출된 많은 양의 이산화탄소가 포함되어 있었다. 그리고 생명체가 나타난 후에는 생명체가 만들어낸 메테인 기체의 양도 늘어났다. 메테인은 이산화탄소보다 훨씬 효과적인 온실기체이다. 공기 중에 포함된 많은 양의 이산화탄소와 메테인 기체로 인해 지구는 높은 온도를 유지할 수 있었다.

그러나 광합성을 하는 생명체가 만들어낸 산소가 효과적인 온실 기체인 메테인과 결합해 덜 효과적인 온실기체인 이산화탄소와 물로 바꾸어 놓았다. 공기 중에서 메테인이 사라지자 지구는 받아들이는 에너지보다 방출하는 에너지가 많아져 기온이 내려가기 시작했다.

지구의 온도가 낮아지자 얼음과 눈으로 덮인 지역이 늘어났다. 눈이나 얼음은 물이나 육지보다 태양 빛을 훨씬 더 잘 반사한다. 그러자 반사를 통해 지구 밖으로 방출하는 에너지의 양도 늘어났다. 따라서 지구의 온도는 더욱 내려갔다. 결국 지구는 얼음으로 덮이게 되었다. 휴런 빙하기에는 약 3억 년 동안이나 전체 지구가 얼음으로 뒤덮여 있었다.

광합성 작용을 통해 지구 대기에 산소를 증가시켰던 생명체들은 얼음으로 뒤덮인 지구에서 더 이상 살아갈 수 없게 되었다. 이것은 산소로 인한 혐기성 생명체의 멸종에 이은 또 한 번의 생명 멸종 사건이었다. 그러나 모든 생명체가 사라진 것은 아니었다. 빙하기가 끝나자 빙하기에도 살아남은 생명체들이 다시 진화의 여정을 시작했다.

그렇다면 3억 년이나 계속되던 휴런 빙하기는 어떻게 끝나게 되었을까? 빙하기가 어떻게 끝나게 되었는지에 대해서는 확실한 것을 알 수 없다. 다만 광합성을 하는 생명체가 사라져 대기 중에 더 이상의 산소가 공급되지 않았고, 화산 활동으로 인해 온실기체가 대기 중으로 방출된 결과 지구의 온도가 다시 올라갔을 것으로 추정하고 있다.

21억 년 전 빙하기를 끝낸 지구에는 빙하기를 견디어 낸 생명체들이 다시 활동을 시작했다. 이로 인해 빙하기 동안에 일시적으로 하락했던 공기 중 산소의 양이 다시 증가하기 시작했다. 그러자 생명체를 위협하는 전 지구적인 빙하기가 다시 찾아왔다. 원생누대 말기인 약 7억 년 전부터 6억 3500만 년 전 사이에 두 번의 빙하기가 더 있었다.

7억 5000만 년 전에 시작되어 7억 년 전에 끝난 스터시안 빙하기는 약 5000만 년 동안 계속되었고, 6억 6000만 년 전에 시작되어 6억 3500만 년 전까지 계속된 마리오아 빙하기는 2500만 년 동안 계속되었다. 스터시안 빙하기와 마리오아 빙하기는 원생누대의 후반인 크라이오젠기에 있었기 때문에 이들을 합쳐 크라이오젠 빙하기라고 부르기도 한다.

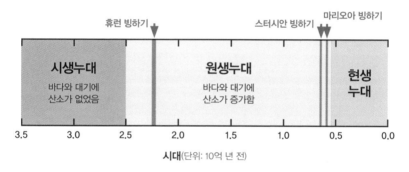

■ 원생누대에 있었던 빙하기들

공기 중에 산소가 많아지면 메테인과 같은 온실기체의 양이 줄어든다. 그러나 산소가 이산화탄소의 양을 감소시키지는 않는다. 이산화탄소는 이미 산소와 결합된 산화물이어서 더 이상 산소와 결합하지 않기 때문이다. 공기 중 이산화탄소의 양은 광합성을 하는 식물의 영향을 받는다. 광합성을 하는 식물은 공기 중의 이산화탄소를 생명물질로 바꿔놓는다. 이 생명물질이 분해되면 이산화탄소가 다시 공기 중으로 돌아가지만 지하나 물밑에 쌓이면 공기 중 이산화탄소의 양이 줄어든다.

스터시안 빙하기와 마리오아 빙하기의 원인을 설명하는 이론 중 하나는 여러 개의 세포로 이루어진 다세포 생물이 출현하여 많은 양의 생명물질이 해저에 침전되면서 대기 중 이산화탄소의 양이 줄어들어 온실효과를 감소시키므로 지구의 온도가 내려갔다는 것이다. 인류의 활동에 의한 지구 온난화가 문제가 되는 것을 생각하면 아주 오래전에 생명체의 활동으로 인해 지구 전체가 눈과 얼음 속에 파묻힌 적이 있다는 이야기가 예사롭게 들리지 않는다.

눈덩이 지구가 있었다는 것을 알아낸 과학자들

1700년대는 근대과학이 발전하기 시작한 시기이다. 1687년에 발표된 뉴턴의 새로운 역학을 바탕으로 과학의 여러 분야에서 새로운 발견이 이어지고 있었다. 그러나 지구가 언제 형성되었는가 하는 문제에서는 별다른 진전을 보지 못하고 있었다. 기독교를 받아들이고 있던 서유럽에서는 아직도 성경에 기록된 내용을 바탕으로 지구가 6000년 전에 만들어졌다는 주장이 널리 받아들여지고 있었다. 그러나 이런 생각을 반대하고 지구가 6000년보다 훨씬 오래전에 만들어졌다고 주장하는 과학자가 나타났다.

그는 1700년대 말에 활동했던 스코틀랜드 출신 지질학자 제임스 허튼이었다. 여러 지방의 지질과 지층을 조사한 그는 현재 일어나고 있는 것과 같은 과정을 통해 지층이 형성되었다는 동일과정설을 주장했다. 이는 현재 우리가 보고 있는 지구의 지형이 지구 전체를 뒤덮는 홍수와 같은 극적인 사건에 의해 만들어진 것이 아니라 우리 주위에서 일어나고 있는 것과 동일한 자연 현상을 통해 만들어졌다는 주장이었다. 허튼은 동일과정설을 바탕으로 지구 곳곳에서 관찰되는 지층이 만들어지기 위해서는 6000년보다 훨씬 긴 시간이 필요하다고 주장했다.

그는 또한 스위스의 제네바 부근에서 주위의 암석과는 다른 커다란 암석들을 발견하고, 이것은 과거에 있었던 빙하가 옮겨 놓은 암석이라고 주장했다. 과기에 지구의 많은 부분이 얼음으로 뒤덮였던 빙하기가 있었다고 주장한 것이다. 허튼의 이런 주장이 계기가 되어 1800년대에는 많은 학자들이 지층에 대한 조사를 통해 지구의 과거를 연구하기 시작했다.

지층에 대한 본격적인 연구가 시작된 1800년대에는 세계 곳곳에서 빙하 작용의 흔적들이 발견되었다. 빙하가 아니면 설명할 수 없는 주위 환경과는 다른

■ 빙하가 날라다 놓은 커다란 바위인 표석

커다란 암석인 표석이 세계 곳곳에서 발견되었었고, 빙하가 옮겨다 쌓아놓은 빙퇴석도 여기저기서 발견되었다. 그런가 하면 흘러내리는 빙하에 의해 만들어진 U자형 계곡들도 다수 발견되었다. 그리고 빙하가 만들어낸 퇴적층들이 여러 곳에서 발견되었다.

이런 지질학적 증거들을 바탕으로 1800년대에는 지구가 과거에 얼음으로 뒤덮인 적이 있었다고 주장하는 과학자들이 늘어났다. 얼음이 지구를 뒤덮은 대규모의 빙하기가 언제 있었으며 얼마나 오랫동안 계속되었는지를 밝혀낸 것은 방사성 동위원소를 이용하여 암석과 퇴적층의 연대를 정밀하게 측정할 수 있게 된 1900년대가 되어서였다.

4장

진핵생물과 다세포 생명체
그리고 유성생식

생명체가 모두 세포로 이루어졌다는 것은 이제 모든 사람들의 상식이 되었지만 세포를 제대로 이해하게 된 것은 그리 오래되지 않는다. 세포를 처음 발견한 사람은 영국의 물리학자였던 로버트 훅이었다. 조명장치를 단 현미경을 스스로 개발하여 많은 동물과 식물을 자세하게 관찰한 훅은 관찰 결과를 모아 1667년에 『마이크로그라피아』라는 책을 출판했다. 훅은 현미경으로 코르크를 관찰하고 코르크가 수많

■ 로버트 훅

은 작은 방들로 이루어져 있다는 것을 발견했다. 그는 이 방들이 수도원의 방과 같다고 하여 수도원의 방을 뜻하는 cell(세포)이라는 이름을 붙였다.

그러나 그가 발견한 것은 죽은 세포의 세포벽이었을 뿐이어서 세포가 생명체에서 어떤 역할을 하는지 이해했던 것은 아니었다. 세포가 생명체의 가장 작은 단

위로 모든 식물이 세포로 이루어졌다는 것을 밝혀낸 사람은 독일의 식물학자 마티스 슐라이덴이었다. 독일 괴팅겐대학에서 의학을 공부하고 도르파트대학의 교수로 있던 슐라이덴은 1838년에 출판한 『식물의 기원』에서 세포가 식물의 기본 단위라고 설명한 식물 세포설을 제안했다. 독일의 생리학자였던 테오도어 슈반은 슐라이덴이 식물 세포설을 발표한 다음 해에 동물도 식물과 마찬가지로 세포로 이루어졌다고 주장했다. 세포를 생명의 기본단위라고 주장한 슐라이덴과 슈반의 세포설은 생명체를 새롭게 이해하는 기반이 되었다.

그 후 많은 생물학자들의 연구를 통해 세포의 내부 구조와 기능이 밝혀졌고, 세포가 분열을 통해 증식하는 과정에 대해서도 자세히 알게 되었다. 세포의 내부 구조와 기능에 대한 이해를 바탕으로 20세기에는 생물학이 크게 발전할 수 있었다. 세포를 바탕으로 생명체를 이해하는 분야를 세포생물학이라고 부른다.

세포의 내부 구조에 대해 잘 알지 못하던 시기에는 생명체의 전체적인 모습과 구조를 기준으로 생명체를 분류했다. 그러나 세포에 대해 많은 것을 이해하게 된 생물학자들은 생명체를 구성하고 있는 세포의 구조와 기능을 바탕으로 생명체를 분류하기 시작했다. 이러한 새로운 분류 방법은 생명체의 진화 과정을 체계적으로 이해하는 데 큰 도움을 주었다.

세포를 핵막으로 둘러싸인 세포핵을 가지고 있는 진핵세포와 핵막으로 둘러싸인 세포핵을 가지고 있지 않은 원핵세포로 처음 나눈 사람은 프랑스의 생물학자 에두아르드 찬톤이었다. 찬톤은 1937년에 발표한 논문에서 핵막으로 둘러싸인 세포핵을 가지고 있는 세포를 진핵세포라고 부르고, 그렇지 않은 세포를 원핵세포라고 부를 것을 제안했다. 그러나 세포의 이런 차이를 이용해 단세포 생물을 모네라와 원생생물로 나눈 사람은 미국의 식물학자 로버트 휘태커였다. 휘태커는 1969년에 단세포 생명체 중에서 진핵세포로 이루어진 생물을 원생생물계로 분류하고, 원핵세포로 이루어진 생물은 모네라계라고 분류했다. 따라서 생물은 동물계, 식물계, 균계, 원생생물계, 모네라계의 5계로 분류하게 되었다. 광합성 작용을 하지 못하는 버섯류와 곰팡이류가 포함되어 있는 균류는 진핵세포로 이루어진 다세포 생명체이다.

1977년에는 미국의 미생물학자 칼 우즈가 원핵생물에도 두 가지 다른 종류가 있다는 것을 알아내고, 이들을 세균과 고세균으로 분류하여 생명체를 동물, 식물, 균류, 원생생물, 고세균, 세균의 6계로 분류하게 되었다. 그러나 1990년에 우즈는 모든 생명체를 세균, 고세균, 진핵생물의 세 가지 역으로 분류하고, 진핵생물역을 다시 동물계, 식물계로 나누자고 제안했다. 이것은 생물의 분류에서 생물 전체의 형태나 기능보다 세포의 구조가 가장 중요한 기준이 되었다는 것을 의미한다. 최근에는 미역과 다시마를 포함하는 유색생물을 독립된 계로 분류하자는 의견이 제시되었다. 이로써 진핵생물역에 속하는 생명체들은 5개의 계로 분류하게 되었다.

린네(1735)	헤켈(1866)	휘태커(1969)	우즈(1977)	우즈(1990)
포함시키지 않음	원생생물계 (단세포 생물)	모네라계 (원핵생물)	고세균계	고세균역
			세균계	세균역
		원생생물계	원생생물계	
식물계	식물계	균계	균계	진핵생물역
		식물계	식물계	
동물계	동물계	동물계	동물계	

■ 생물 분류체계의 변화

우리 주위에서 볼 수 있는 대부분의 생명체들은 진핵세포로 이루어진 진핵생물이다. 따라서 생명체의 대부분은 진핵 생명체이고 원핵생물은 생명체의 진화 과

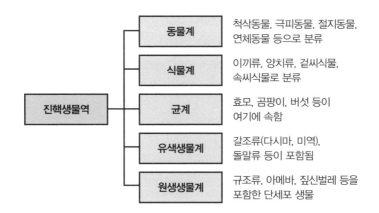

정 초기에 나타났다가 대부분은 사라져버린 과거의 생명체라고 생각하기 쉽다. 그러나 최근 연구에 의하면 모든 생명체 종의 78%가 하나의 세포로 이루어진 세균이다. 오늘날에도 세균이 지구상에 가장 많이 존재하는 생명체이다.

맨눈으로 보이지 않을 정도로 작은 세균의 종의 수나 개체수가 많다는 것은 납득할 수 있는 일이다. 그러나 세균의 무게를 모두 합하면 진핵 생명체의 무게를 모두 합한 무게와 비슷할 것이라는 연구 결과는 우리가 상상했던 것과는 크게 다르다. 이런 연구 결과는 우리 생태계에서 세균이 차지하는 비중이 우리가 생각하는 것보다 훨씬 중요하다는 것을 나타내고 있다. 이렇게 보면 원핵세포로 이루어진 세균을 모든 진핵생물과 동등하게 독립된 역으로 취급하는 것이 이해가 될 것이다.

그러나 우리가 관심을 가지는 것은 진핵생물이다. 우리가 진핵생물에 속해 있기 때문이다. 그렇다면 진핵생물은 언제 처음 나타났을까? 그리고 어떤 과정을 통해 진핵세포가 처음 만들어졌을까?

진핵생물은 언제 나타났을까?

☆ 현재 우리 주위에서 발견할 수 있는 대부분의 생명체들은 모두 진핵생물이므로 진핵생물이 어떻게 나타나게 됐는지를 규명하는 것은 생명체가 어떻게 시작되었는지를 밝히는 것만큼이나 중요하다. 진핵세포는 유전자를 포함하고 있는 세포핵이 막으로 둘러싸여 있고, 세포 안에 여러 가지 다른 기능을 하는 세포 소기관을 가지고 있다.

최초 생명체가 언제 나타났는지를 알 수 없는 것처럼 진핵생물이 나타난 시기 역시 정확하게 알지 못하고 있다. 과거 지구 생명체를 연구하는 데는 생물체들의 흔적이 포함되어 있는 화석을 조사하는 것이 가장 좋은 방법이다. 그러나 크고 단단한 몸을 가진 생명체들이 많은

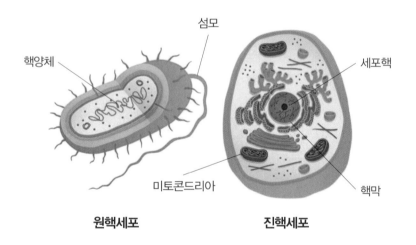

섬모

핵양체

세포핵

미토콘드리아

핵막

원핵세포　　　　**진핵세포**

■ 진핵세포는 핵막으로 둘러싸인 세포핵과 서로 다른 기능을 하는 여러 가지 세포 소기관을 가지고 있다.

화석을 남긴 것과는 달리 작고 연한 몸을 가지고 있는 생명체들은 거의 화석을 남기지 않았다. 초기 생명체들에 대한 연구가 어려운 것은 이 때문이다.

그러나 제한적으로나마 발견되는 화석에 포함되어 있는 정보를 종합해 보면 진핵생물이 처음 나타난 것은 21억 년에서 16억 년 전 사이인 것으로 보인다. 그러나 22억 년 전에 살았던 것으로 보이는 진핵생물의 흔적이 발견되기도 했고, 이보다 이른 시기인 27억 년 전에 진핵생물이 출현했다는 주장도 있어 진핵생물이 나타난 시기가 더 과거로 당겨질 가능성도 있다.

진핵생물이 처음 나타난 시기를 정확하게 알 수는 없지만 진핵생물이 지구 생태계의 중요한 구성원이 된 것은 8억 년 전쯤인 것으로 보인다. 40억 년 전에 나타난 원핵생물이 광합성 작용을 통해 지구 대기에 산소를 증가시킬 때까지 15억 년 이상이 걸렸던 것처럼, 진핵생물이 나타난 후 지구 전역에 번성하기까지도 10억 년 이상이 걸렸다.

고생대 이후 현재까지 5억 년 남짓한 시간 동안에 수많은 식물과 동물이 나타났던 것과 비교하면 시생누대와 원생누대에는 생명체의 진화가 아주 천천히 진행되었다는 것을 알 수 있다. 어쩌면 이것은 간단해 보이는 세포 구조의 변화가 세포의 재배열에 따른 생명체의 형태 변화보다 훨씬 더 어렵다는 것을 나타내는 것인지도 모른다.

고생대 바다 밑을 기어 다니던 삼엽충이 초원을 달리는 사자로 진화하는 것보다 원핵세포가 막으로 둘러싸인 핵을 가진 진핵세포로 진화하는 데 훨씬 더 긴 시간이 걸린 것이다. 이것은 막으로 둘러싸인 세포핵을 만들어내 진핵세포로 진화하는 것이 얼마나 어려운 일이었는지를 잘 나타낸다.

우리를 포함한 다양한 생명체들이 지구에 살고 있다는 사실만큼 신비스런 일이 없다. 그러나 생명체의 존재를 신비하게 생각하는 것은 생명체의 진화에 걸린 긴 시간을 실감하지 못하기 때문일는지도 모른다. 우리는 지난 100년 동안에 복잡한 기능을 할 수 있는 컴퓨터를 만들어냈다. 좀 더 길게 잡아 1만 년의 인류 문명을 통해 컴퓨터를 만들어냈다고 할 수도 있다. 이것을 바꾸어 말하면 지구가 만들어지고 45억 7000만 년이 지났을 때쯤 약 1만 년이라는 짧은 시간 동안에 지구에 컴퓨터가 등장했다고 할 수도 있을 것이다. 우리는 인류 문명이 컴퓨터를 만들어낸 것을 신비스러운 일이라고 생각하지 않는다. 1만 년 동안에 컴퓨터가 만들어진 것이 신비로운 일이 아니라면 이보다 10만 배나 긴 10억 년 동안에 세포의 핵이 막을 가지게 되고, 몇 가지 소기관을 가지게 된 변화는 그리 신비스러운 일이 아닐지도 모른다.

진핵생물은 어떻게 시작되었을까?

☆ 생명체의 진화에서는 유전자의 교환과 공생이 중요한 역할을 한다. 유전자의 교환이란 말 그대로 생명체들이 서로의 유전자를 교환

하여 두 생명체와 다른 특성을 가지는 새로운 생명체를 만들어내는 것이다. 유전자들이 세포 안에 흩어져 있던 원핵세포에서는 다른 세포와 유전자 교환이 훨씬 쉽게 일어났을 것이다. 수월한 유전자 교환으로 다양한 특성을 가진 자손을 만들어낸 것은 진화의 첫 번째 조건을 성공적으로 만족시켰다는 것을 의미한다.

여기에서도 긴 시간이 중요한 역할을 했다. 몇 번의 유전자 교환을 통해 새로운 세포나 생명체를 만들어낸 것이 아니었다. 대부분의 경우 유전자 교환을 통해 생겨난 새로운 세포나 생명체는 환경에 적응하지 못해 사라져 갔을 것이다. 그러나 수 억 년 동안 상상할 수 없을 정도로 많은 유전자 교환을 통해 생겨난 새로운 세포 중에는 지구 환경에서 살아남기에 유리한 세포가 있었을 것이고, 그런 세포가 자연의 선택을 받았다.

공생은 두 다른 생명체가 서로 도우며 살아가는 것을 말한다. 콩과식물과 뿌리혹박테리아라고 부르는 세균은 공생의 가장 좋은 예이다. 콩과식물은 뿌리혹박테리아가 살아가는 데 필요한 영양물질을 제공하고, 뿌리혹박테리아는 공기 중의 질소를 생명활동에 필요로 하는 질소로 바꾸어 콩과식물에게 공급한다. 이러한 공생은 생명체들 사이에서 자주 발견할 수 있다. 공생과 비슷하지만 두 생명체 중한 가지 생명체만 이익을 얻는 것을 기생이라고 한다.

공생 중에서 한 세포가 다른 세포 안으로 들어가 서로 도움을 주며 살아가는 것을 세포내 공생 또는 체내공생이라고 부른다. 과학자들은 진핵생물로의 진화는 원핵생물들 사이에 있었던 여러 가지 형태의 공생을 통해 이루어졌다고 보고 있다. 진핵세포에 포함되어 있는 세포 소기관들 중에는 세균에 더 가까운 것도 있고, 고세균에 더 가까운 것도 있는 것으로 보아 고세균과 세균 사이의 공생을 통해 진핵세포로 발전했을 수도 있다.

그러나 어떤 세포가 공생의 주된 역할을 했는지에 대해서는 다양한 의견이 제시되어 있다. 일부 과학자들은 진핵세포로 발전하는 과정에서 고세균이 주된 역할을 했을 것이라고 생각하고 있다. 고세균의 세포 내부로 들어온 세균과의 내부 공생을 통해 진핵생물로 발전했다는 것이다.

그들은 진핵세포 안에서 발견되는 미토콘드리아나 엽록체와 같은 기관들이 고세균 안에 공생했던 세균의 흔적이라고 주장하고 있다. 모든 진핵세포들이 미토콘드리아를 가지고 있지만 엽록체는 일부 진핵세포만 가지고 있는데, 이것은 미토콘드리아의 세포내 공생

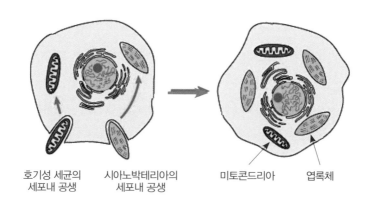

호기성 세균의 세포내 공생   시아노박테리아의 세포내 공생   미토콘드리아   엽록체

■ 세포내 공생은 진핵세포가 세포 소기관을 가지게 되는 한 과정이었다.

이 진핵세포가 처음 나타나던 시기에 일어났고, 엽록체의 공생은 진핵생물이 어느 정도 분화된 다음에 일어났기 때문이라는 것이다. 미토콘드리아나 엽록체가 자체 유전자를 가지고 있는 것은 이런 주장에 힘을 더해 준다.

그러나 세균이나 고세균이 아니라 이들과는 다른 제3의 세포 내에서 고세균과 세균이 내부 공생을 한 결과 진핵생물로 발전했다고 주장하는 사람들도 있다. 진핵세포 안에 포함되어 있는 미토콘드리아, 골지체, 엽록체와 같은 소기관들 중에는 세균에서 유래한 것도 있고 고세균에서 유래한 것도 있다는 것이다.

한 세포가 다른 세포에 흡수되어 내부 공생을 하게 되는 과정에 대해서도 여러 가지 가설이 제시되어 있다. 두 세포가 처음에는 일부만 접촉한 상태에서 각각 주변 환경과 상호작용하면서 서로 도와주다가 결국은 하나의 세포로 합쳐져서 진핵세포가 되었다고 설명하는 사람들도 있다. 또 다른 사람들은 한 세포의 먹잇감이었던 세포가 소화가 되지 않은 상태에서 공생 관계로 발전했다고 설명하기도 한다.

그런가 하면 최초 생명체로부터 세균이 분리되고 그 후 고세균과 진핵생물이 각각 다른 과정을 거쳐서 나타났다고 주장하는 사람들도 있다. 이런 주장을 하는 사람들은 원핵생물과 진핵생물로 발전하는 공통 조상이 간단한 구조를 하고 있던 원시 생명체가 아니라 여러 번의 대규모 생명 멸종 사건에서 살아남은 복잡한 구조를 가지고 있던 생명체라고 주장한다.

진핵생물이 나타난 시기나 방법을 정확하게 알 수는 없지만 약

8억 년 전부터 지구의 거의 모든 곳에 살기 시작한 진핵생물들은 빠른 속도로 다양한 생명체로 발전하기 시작했다. 20억 년이라는 긴 시간을 통해 진화의 가장 어려운 단계를 극복해낸 진핵생물이 빠른 속도로 다양한 생명체로 발전하기 시작한 것이다.

다세포 생물은 어떻게 나타났을까?

처음 지구상에 등장한 생명체는 하나의 세포로 이루어진 단세포 생물이었다. 그러나 현재 우리 주위에서 발견할 수 있는 생명체들은 서로 다른 기능을 하는 여러 개의 세포들로 이루어진 다세포 생명체이다. 생명체들은 언제부터 어떤 방법으로 여러 개의 세포로 이루어진 다세포 생물로 진화했을까?

다세포 생물은 매우 다양한 형태가 있다. 따라서 한 가지 과정을 통해 단세포 생물이 다세포 생물로 발전한 것이 아니라 여러 가지 다양한 경로를 통해 다세포 생물로 발전했을 것으로 보고 있다.

단세포 생물과 다세포 생물의 중간 단계라고 할 수 있는 세포군체는 단세포 생물이 다세포 생물로 진화하는 한 가지 방법을 보여주고 있다. 세포군체는 여러 개의 단세포 생물들이 모여서 커다란 집단을 이루고 살아간다. 세포군체를 이루고 있는 세포들은 분리되더라도 생명을 유지할 수 있다는 면에서 다세포 생물과 구별된다. 그러나 세포군체 중에는 고깔해파리와 같이 각각의 세포들이 더듬이나 부레

또는 소화와 생식과 같이 서로 다른 기능을 나누어 하고 있는 것도 있어 다세포 생물과 뚜렷한 구별이 어렵다. 고깔해파리와 같은 형태의 세포군체는 단세포 생명체가 다세포 생명체로 발전해가는 중간 단계라고 여겨지고 있다.

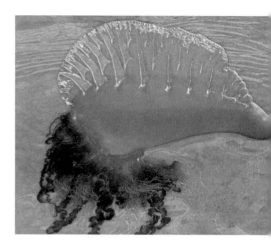

단세포 생명체에서 다세포 생명체로 변해가는 과정을 설명하는 이론 중에서 가장 널리 받아들여지는 이론은 공생이론이다. 공생이론에서는 다른 기능을 하는 다른 종류의 세포들이 공생 과정을 통해 최초의 다세포 생물로 진화했다고 설명한다. 개별적인 세포들 사이의 공생이 오랜 시간이 지나면서 서로 의존적인 세포들로 변화시켰고, 결국에는 유전자의 통합이 이루어져 하나의 생명체로 발전했다는 것이다.

이 이론의 가장 큰 문제점은 개별적인 세포들이 가지고 있던 유전자가 어떻게 하나의 유전자로 통합되었는지를 설명하기 어렵다는 것이다. 다세포 생명체의 특징은 하나의 유전자가 기능이 다른 여러 세포를 만들어내는 것이다. 이런 문제점을 보완하기 위해 다른 종류의 세포들 사이의 공생이 아니라 같은 종류의 세포들 사이의 공생을 통해 다세포 생명체가 만들어졌다고 설명하는 사람들도 있다.

하나의 세포에 여러 개의 핵이 만들어지고, 핵 주위에 핵을 둘러싼 막이 만들어져 여러 개의 세포로 발전했다고 설명하는 이론도 있다. 실제로 여러 개의 핵이 생기는 것이 관찰되고 있는 일부 세균과 같은 원핵생물은 이런 이론을 뒷받침하고 있다. 그러나 하나의 세포에 여러 개의 핵이 만들어지는 것만으로 여러 가지 기능의 세포들로 이루어진 다세포 생명체가 만들어졌다고 보기는 어렵다고 주장하는 사람들도 있다.

일부 과학자들은 단세포 생물에서 다세포 생물로의 변화가 오랜 시간 동안의 공생 과정을 통해 이루어진 것이 아니라 특정한 유전자의 변이와 같은 갑작스런 변화로 인해 이루어졌다고 주장하기도 한다. 이런 주장을 하는 학자들은 약 8억 년 전에 있었던 유전자의 갑작스런 변이가 다세포 생명체의 등장으로 이어졌다고 설명하고 있다.

이 밖에도 다세포 생명체로의 진화를 설명하는 이론은 여러 가지가 있다. 그것은 우리가 아직 단세포 생명체에서 다세포 생명체로의 발전 과정을 충분히 이해하지 못하고 있기 때문이기도 하지만 다세포 생명체가 매우 다양한 때문이기도 하다. 다양한 다세포 생명체들이 한 가지 과정을 통해 만들어지지 않았을 것이기 때문에 이 이론들은 서로 다른 다세포 생물의 등장 과정을 설명하기에 모두 가능한 이론들인지도 모른다.

유성생식이 왜 무성생식보다 유리할까?

☆ 현재 지구상에 살고 있는 대부분의 생명체들은 암수를 필요로 하는 유성생식을 한다. 아직도 많은 생명체들이 무성생식을 통해 자손을 만들어내고 있지만 우리 주변의 생명체들은 대부분 유성생식을 하고 있다. 유성생식이 무성생식보다 어떤 점에서 생명체에게 더 유리할까? 그리고 유성생식은 어떤 과정을 거쳐서 발전했을까?

유성생식은 세포핵 안에 포함되어 있는 염색체 수와 관련되어 있다. 유전정보를 가지고 있는 DNA 분자들은 단백질을 중심으로 접혀서 염색체를 만든다. 그러니까 염색체는 DNA 다발이라고 할 수 있다. 모든 세포핵 안에는 짝수 개의 염색체가 들어 있다. 세포들이 분열하여 새로운 세포를 만드는 방법에는 두 가지가 있다. 하나는 분열하여 똑같은 수의 염색체를 가지고 있는 세포를 만들어내는 체세포 분열이고, 다른 하나는 염색체 수가 반으로 줄어든 세포를 만들어내는 감수 분열이다. 감수 분열에 의해 염색체 수가 반으로 줄어든 세포를 생식세포라고 한다.

염색체 수가 반인 두 개의 생식세포가 합쳐져서 새로운 개체를 만드는 것이 유성생식이다. 반면 염색체 수가 반으로 줄어들지 않은 체세포가 분열하여 새로운 개체를 만드는 것이 무성생식이다.

화석 증거에 의하면 진핵생물이 최초로 유성생식을 통해 자손을 만들어내기 시작한 것은 12억 년에서 10억 년 전 사이부터이다. 이 시기는 원생누대의 후반에 해당되는 것으로 진핵생물이 처음 나타났을 때부터 약 10억 년이 흐른 시기이다. 10억 년 동안 무성생식을 통해 자손을 만들던 생명체가 유성생식으로 자손을 만들어내기 시작한 것은 무엇 때문일까?

암수 두 개의 개체가 복잡한 과정을 통해 생식세포를 만들어내고 수정하는 과정을 거치는 유성생식보다는 혼자 자손을 만들어내는 무성생식이 훨씬 더 빨리 그리고 더 많은 자손을 만들어내는 방법일 것처럼 보인다. 그럼에도 불구하고 현재 지구상에 살고 있는 생명체의 대부분이 유성생식을 하는 것은 무엇 때문일까?

최초에 생명체가 어떻게 유성생식 방법을 발전시켰는지는 유성생식을 하지 않는 원핵생물들의 행동에서 힌트를 얻을 수 있다. 무성생식을 하는 원핵생물인 세균들도 다양한 유전자를 가진 자손을 남

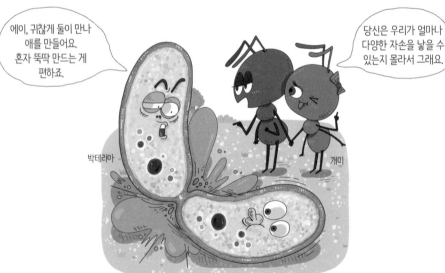

지구와 생명의 역사는 처음이지?

기기 위한 여러 가지 전략을 구사한다. 두 세균이 접촉을 통해 유전자를 교환하기도 하고, 한 세균의 유전자에 다른 세균의 유전자 일부가 끼어들어 형질이 바뀌는 경우도 있으며, 세균에 기생하는 바이러스를 매개로 하여 새로운 유전자를 얻는 방법도 있다. 이런 방법들은 모두 유전자의 다양성을 증가시키는 방법들이다. 이것은 유성생식과는 다른 것이지만 유전자의 다양성 증가라는 측면에서 비슷한 기능을 한다. 원핵생물이 구사하는 이런 유전자 다양성 증가 전략이 발전하여 유성생식으로 발전했을 것이다.

유성생식이 도입되는 과정을 정확하게 알 수는 없지만 유성생식이 무성생식보다 진화의 측면에서 훨씬 유리하다는 것은 쉽게 알 수 있다. 유성생식은 무성생식보다 훨씬 더 다양한 자손을 만들 수 있다.

만약, 염색체의 수가 2개(한 쌍)인 동물이 무성생식으로 자손을 낳는다면 자손은 어버이와 똑같은 유전자를 갖게 될 것이다. 그러나 부모로부터 1개씩의 염색체를 받은 자손이 나온다면 4가지 다른 유전자를 가진 자손을 만들어낼 수 있다. 염색체의 수가 늘어나면 다양한 자손을 만들어낼 가능성은 훨씬 커진다. 염색체의 개수가 46개(23쌍)인 경우에는 이론적으로는 약

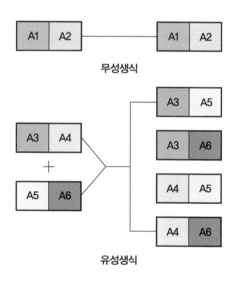

■ 유성생식은 무성생식보다 다양한 자손을 만들 수 있다.

70조 가지 다른 자손을 낳을 수 있다. 이것은 아무리 많은 자손을 낳아도 쌍둥이가 아닌 이상 똑같은 자손이 나올 수 없다는 것을 뜻한다.

진화는 다양한 형질을 가진 자손을 만들어내는 생명체의 능력과 그중에서 환경에 가장 잘 적응하는 개체를 선택하는 자연의 작용을 통해 이루어진다고 했던 것을 기억할 것이다. 따라서 유성생식을 통해 다양한 자손을 생산하는 것은 진화에 훨씬 유리하다. 다시 말해 항상 변하고 있는 자연환경에서 살아남기 위해서는 새로운 환경에 적응할 수 있는 다양한 자손을 낳는 유성생식이 유리하다.

유성생식에서는 또한 배우자를 선택하는 과정에서 환경 적응에 불리한 유전자를 가진 배우자보다 환경 적응에 유리한 유전자를 가진 배우자가 선택될 가능성이 커진다. 이러한 배우자의 선택 역시 환경에 잘 적응하는 유전자가 살아남을 가능성을 증가시킨다. 많은 동물들은 배우자에게 선택받기 위해 자신이 우월한 유전자를 가지고 있다는 것을 여러 가지 방법으로 과시한다.

유성생식의 또 다른 장점은 손상된 유전자가 자손에게 전달되어 축적되는 것을 막을 수 있다는 것이다. 생명체의 유전자는 주위 환경의 영향으로 항상 손상을 받는다. 특히 지구 밖에서 오고 있는 우주 방사선이나 지구에 포함되어 있는 방사성 원소가 내는 방사선으로 인해 유전자가 손상을 입게 된다. 만약 무성생식을 통해 한 개체의 유전자가 자손에게 그대로 전해진다면 유전자 손상이 계속 쌓여갈 것이다. 그러나 부모로부터 유전자의 반씩만을 물려받는 유성생식에서는 이런 손상된 유전자를 치료하고 건강한 유전자를 자손에게 물려줄 수 있다.

어떻게 그것이 가능할까? 손상된 유전자를 가지고 있는 부모가 반씩 유전자를 제공해 자손을 낳으면 자손 중의 일부는 손상된 유전자를 가지지 않게 태어날 것이고, 일부는 손상된 유전자를 많이 가지고 태어날 것이다. 이 중에서 손상된 유전자를 가진 개체를 도태시키고 건강한 유전자를 가진 개체를 선택하는 것은 자연이다. 따라서 유성생식은 자연의 손을 빌려 손상된 유전자를 치유할 수 있다.

그러나 생명체들 중에는 아직도 무성생식을 하는 생명체도 있으며, 유성성식과 무성생식으로 번갈아 하는 생명체도 있고, 하나의 개

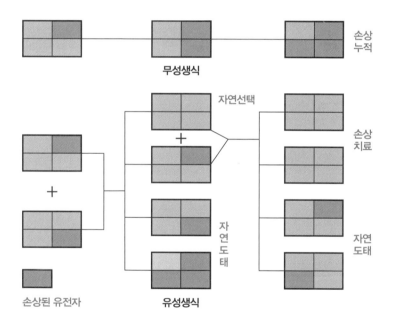

■ 유성생식은 자연선택을 이용하여 손상된 유전자를 치료할 수 있다.

체가 암수의 역할을 모두 하는 경우도 있다. 이런 모든 생식 방법들은 주어진 환경에서 건강한 자손을 더 많이 남기기 위한 방법들이다.

동물의 생활을 다룬 다큐멘터리에서 자신의 유전자를 남기기 위해 동물들이 격렬하고 끈질기게 투쟁하는 모습을 자주 볼 수 있다. 그렇다면 동물들이 자신의 유전자를 남겨야 한다는 생각을 하게 된 이유는 무엇일까? 이것은 참으로 답하기 어려운 문제이기도 하지만 한 마디로 대답할 수 있는 문제이기도 하다. 그런 생각을 가지고 있지 않았던 동물들은 자손을 남길 기회가 적어 오래전에 모두 사라져 버렸기 때문이라는 것이다. 다시 말해 자연이 그런 생각을 하지 못하는 생명체는 도태시키고 그런 생각을 하는 생명체만이 살아남도록 선택했다는 것이다.

이런 대답에 만족하지 못하는 사람들도 있을 것이다. 그러나 이보다 더 나은, 그래서 모든 사람들을 만족시킬 수 있는 대답을 찾는 것이 가능할까?

에디아카라 동물의 번성과 멸종

☆ 오랫동안 사람들은 복잡한 구조를 가진 다세포 생물이 현생누대가 시작되는 캄브리아기에 최초로 등장했다고 믿었다. 그러나 캄브리아기 이전인 원생누대 말기에도 복잡한 구조를 가진 다세포 생물이 존재했다는 것이 밝혀졌다. 에디아카라 동물군에 속하는 동물

들은 캄브리아기 이전에 존재했던 다세포 동물들이었다.

　최초로 발견된 에디아카라 동물군의 화석은 1872년 캐나다에서 발견된 원반형의 아스피델라 화석이다. 그러나 이것이 생물의 화석이라고 인정받은 것은 훨씬 후의 일이다. 1933년에는 아프리카 나미비아의 캄브리아기 이전 지층에서 독특한 형태의 생물 화석이 발견되었고, 1946년에는 오스트레일리아 남부에 있는 에디아카라 지역에서도 비슷한 화석들이 발견되었다. 하지만 캄브리아기 이전에는 대형 생물이 살았을 가능성이 없다고 생각했기 때문에 이것은 캄브리아기 이전의 생명체라고 인정받지 못했다.

　그러나 1957년에 영국에서 발견된 카르니아 화석이 캄브리아기 이전에 살았던 생물의 화석이라는 것이 확인되었다. 이로 인해 캄브리아기 이전 시대의 화석이 다량으로 발견된 원생누대의 마지막 시기를 에디아카라기라고 명명하고 이 시기의 동물을 에디아카라 동물군이라고 부르게 되었다.

　에디아카라 동물군은 6억 년부터 5억 4300만 년 전까지 지구에 살았던 다양한 연체동물들이다. 그러니까 에디아카라 동물은 지구에 본격적으로 생명체가 번성하기 시작하는 고생대가 시작되기 5000만 년 전부터 살았던 커다란 연체동물이었다. 에디아카라 동물들은 대부분 해파리와 같이 고착생활을 하거나 부유생활을 하는 동물들이다. 이들은 해파리처럼 물 위를 떠다니면서 플랑크톤을 걸러먹거나 진흙 속의 유기물을 긁어먹었던 것으로 보인다. 에디아카라 동물군의 화석이 발견되는 지층에서는 흙을 모은 흔적, 긁은 흔적,

■ 디킨소니아 화석

■ 요르기아 화석

빨아먹었던 흔적 등 다양한 흔적화석들이 발견되고 있다.

에디아카라 동물 중 가장 유명한 동물은 흐물흐물한 에어백과 같은 몸 구조를 가지고 있던 디킨소니아이다. 몸길이가 1m 정도 되었던 디킨소니아는 해파리의 일종으로 보이기도 하지만 산호, 갯지렁이, 또는 말미잘이나 버섯으로 분류하는 학자들도 있다. 디킨소니아와 같은 과인 요르기아의 몸은 중심축을 중심으로 양쪽으로 나눌 수 있는 체절로 이루어져 있는데 좌우가 완전한 대칭은 아니었다.

그런데 흥미로운 것은 에디아카라 동물들이 캄브리아기에 나타난 동물들과의 연관성을 찾기 힘들다는 것이다. 따라서 과학자들은 에디아카라 동물들이 캄브리아기가 시작되기 전에 모두 멸종해 버린 것으로 보고 있다.

갑작스런 멸종 원인에 대해서는 정확히 알 수 없지만 몇 가지 가능성이 제기되어 있다. 학자들 중에는 에디아카라 동물들 사이의 경쟁으로 인해 멸종했을 가능성이 있다고 주장하는 사람들이 있다. 짧은 기간 동안 급속하게 번성했던 에디아카라 동물들이 격심한 생존 경쟁을 겪으면서 사라져 갔다는 것이다.

그런가 하면 갑작스런 환경 변화가 멸종의 원인이었을 것이라고 주장하는 사람들도 있다. 캄브리아기 직전에 있었던 초대륙의 분열, 해수면 상승, 바닷물과 대기의 화학 조성의 변화 등이 복합적으로 작용하여 에디아카라 동물들이 멸종했다는 것이다. 일부 학자들은 연체동물이었던 에디아카라 동물을 포식하는 포식자들의 등장으로 인해 멸종했을 것이라고 주장하고 있다. 이런 여러 가지 원인이 복합적으로 작용하여 에디아카라 동물들이 멸종했을 가능성도 있다.

생명체와 물질의 중간에 있는 바이러스

세포 밖에 있을 때는 DNA 분자나 RNA 분자와 단백질로 이루어진 입자지만 살아있는 세포 안에서는 자신과 같은 자손을 만들어낼 수 있는 바이러스는 유전자를 가지고 있고, 자연선택에 의해 진화한다는 면에서 생명체라고 보는 사람도 있다. 그러나 세포핵을 가지고 있지 않고, 스스로 자신을 복제하는 것이 아니라 다른 세포의 기능을 이용해서만 복제가 가능하기 때문에 생명체와 물질의 중간 상태로 보는 것이 일반적이다.

바이러스는 유전자를 둘러싸고 있는 단백질을 이용하여 세포에 달라붙은 후 유전자를 세포 안으로 침투시킨다. 따라서 바이러스는 아무 세포에나 침투하는 것이 아니라 자신의 단백질이 세포의 단백질과 잘 결합할 수 있는 세포에만 침투할 수 있다. 바이러스의 종류에 따라 질병을 일으키는 생명체나 부위가 다른 것은 이 때문이다.

바이러스는 침투한 세포의 기관에서 자신의 유전자를 복제하고 자신의 유전자를 이용해 필요한 단백질을 만든 다음 이들을 합성해 자신과 같은 바이러스를 만들어 밖으로 내보낸다. 세포가 세포분열을 통해 자신과 같은 세포를 만들어내는 것과는 달리 바이러스는 침투한 세포에서 만든 단백질과

■ 신종인플루엔자A(H1N1) 바이러스. 단백질로 둘러싸인 껍질 안에 유전자가 들어 있다.

유전자를 합성하여 자신과 같은 바이러스를 만들어내는 것이다. 이 과정에서 바이러스는 자신이 침투한 세포를 파괴한다. 이런 바이러스를 용균성이라고 한다.

바이러스는 또한 침투한 세포의 유전자와 결합한 후 잠복해 있으면서 세포에 변이를 일으키기도 하고, 암세포로 바꾸어 놓기도 하며, 때로는 세포가 가지고 있는 유전물질의 일부를 다른 세포로 옮기기도 한다. 이런 바이러스의 상태를 용원성이라고 하는데 용원성 상태의 바이러스는 조건에 따라 용균성으로 바뀌기도 한다.

바이러스는 세포로 침투해 세포의 유전자에 끼어들기도 하고 세포의 유전자를 이동시키기도 하기 때문에 많은 세포의 유전자에는 바이러스의 유전자가 어느 정도 섞여 있다. 인간 유전자 지도가 만들어진 후 과학자들은 인간 유전자의 많은 부분도 바이러스에서 유래했다는 것을 밝혀냈다. 과학자들은 바이러스 유전자가 생물의 진화에서 중요한 역할을 한 것으로 보고 있다.

바이러스가 어떻게 처음 나타났는지를 설명하는 이론에는 여러 가지가 있

다. 그중 하나는 바이러스가 한 때는 커다란 세포에 기생하던 작은 세포였는데 시간이 지나면서 기생생활을 하는 데 필요한 유전자를 제외한 다른 유전자를 모두 잃어버리고 바이러스가 되었다는 것이다. 세포 중에도 바이러스와 마찬가지로 다른 세포 안에서만 자기 복제가 가능한 세포가 있다. 이런 세포들도 독립해서 살아가는 데 필요한 유전자는 모두 잃어버리고 다른 세포 안에서 살아가는 데 필요한 유전자만 님아 있다.

또 다른 이론에 의하면 바이러스는 커다란 세포에서 떨어져 나온 DNA나 RNA 조각이 바이러스로 진화했다는 주장도 있다. 세포 사이를 이동해 다니는 유전자인 플라스미드가 바이러스로 진화한 떠돌이 유전자의 후보로 지목받고 있다. 그런가 하면 바이러스가 단백질, 핵산과 같은 복잡한 분자로부터 최초의 세포와 비슷한 시기에 나타나 지금까지 세포에 의지해 살아가고 있다는 주장도 있다.

과학자들은 바이러스를 유전자의 종류에 따라 DNA바이러스아문과 RNA바이러스아문으로 나누고 이들을 강, 목, 과로 나누어 분류하고 있다. 바이러스를 생물과 무생물의 중간 단계로 보고 있지만 생명체와 같은 분류체계를 이용하여 분류하고 있는 것이다. 따라서 어느 날 바이러스가 생물 분류체계 안에 바이러스역으로 자리 잡을지도 모를 일이다.

생명체라고 할 수 없으면서도 어떤 면에서는 생명체보다도 지구 생태계에 더 많은 영향을 끼치고 있는 것이 바이러스이다. 따라서 바이러스를 충분히 알지 못하고는 지구 생태계를 이해했다고 할 수 없을 것이다.

5장

움직이는 대륙

대륙이 움직이고 있다고 주장한 과학자들

크리스토퍼 콜럼버스가 대서양을 건너 아메리카 대륙을 발견한 것은 1492년의 일이었다. 이 당시에는 인도에서 가지고 온 향신료가 유럽에서 비싸게 팔리고 있었다. 그러나 유럽에서 인도까지 가려면 중동지방에 있는 여러 나라들을 지나가야 했다. 여러 나라를 거쳐 물건을 운반하는 것은 매우 위험하고 비용이 많이 드는 일이었다. 따라서 많은 사람들이 인도로 가는 안전한 길을 찾고 있었다.

당시에는 많은 사람들이 지구가 평평하고 바다 끝에는 낭떠러지가 있다고 생각했지만 콜럼버스는 지구가 둥글다고 믿었다. 따라서 서쪽 바다를 통해서도 인도에 갈 수 있을 것이라고 생각했다. 그는 어렵게 스페인 여왕을 설득해 세 척의 배를 지원 받아 대서양을 건너는 항해를 시작했다. 두 달 9일의 항해 끝에 그는 지금의 카리브해에 있는 바하마 제도에 도착했다. 그는 이곳이 인도라고 생각했다. 이 지역의 섬들을 지금도 서인도라고 부르는 것은 이 때문이다. 콜럼버스의 이야기는 지금부터 500년 전 사람들이 지구에 대해 어떤 생각을 하고 있었으며, 어떤 문제로 논란을 벌였는지를 잘 나타낸다.

그러나 이 시기에 이미 우리가 살고 있는 땅이 움직이고 있다는 주장을 하는 사람이 나타났다. 독일 출신으로 벨기에에서 활동했던 지도 제작자 아브라함 오르텔리우스가 그런 사람이었다. 그는 1570년에 세계 지도를 엮은 『세계의 무대』라는 지도책을 출판했다.

오르텔리우스는 1587년에 출판한 『지리학 사전』에서 "아메리카 대륙은 유럽 대륙과 아프리카 대륙으로부터 지진과 홍수로 인해 떨어져 나갔다. 누구라도 세계 지도를 가져다 놓고 세 대륙의 해안을 조심스럽게 맞춰 보면 세 대륙이 한 대륙으로부터 분리되었다는 것을 알 수 있을 것이다"라고 설명했다. 그러나 그의 주장은 사람들의 관심을 끌지 못했다.

1800년에 좀 더 정교한 세계 지도가 제작되자 아메리카와 아프리카 해안을 비교한 학자들 중에 두 대륙이 분리되어 이동했다고 주장하는 사람이 나타났다. 1799년부터 1804년까지 북아메리카와 남아메리카의 여러 지역을 여행하면서 과학적 조사를 하고, 이 지역에 관한 책을 여러 권 출판했던 독일의 알렉산더 훔볼트도 그런 사람들 중 한 사람이었다.

오스트리아의 지질학자로 빈대학에서 고생물학과 지리학을 가르치고 있던 에드워드 세우스도 아프리카와 유럽이 과거에 하나의 대륙으로 연결되어 있었으며, 알프스는 한때 바다의 밑바닥이었다고 주장했다. 그는 1885년에서 1901년 사이에 출판된 3권으로 이루어진 『지구의 얼굴』이라는 책에서 남아메리카와 아프리카 그리고 인도가 한때 곤드와나라고 부르는 거대한 대륙을 이루고 있었다고 주장했다. 세우스는 고생대 페름기 말 생명 대멸종 시에 멸종된 글로소프테리스라고 부르는 양치식물의 화석이 아프리카와 남아메리카 그리고 인도에서 발견되는 것을

그 증거로 들었다. 그는 뜨거웠던 지구 내부가 식어지면서 수축하자 바다의 수위
가 높아져 대륙이 나누어지게 되었다고 주장했다.

이 외에도 대륙이 지구의 오랜 역사를 통해 계속 변해왔다는 주장을 한 과학
자들은 많이 있었다. 그러나 과학적 증거와 역학적 설명을 통해 대륙이 움직이고
있다는 것을 알아낸 것은 1900년대였다. 그렇다면 누가 어떻게 대륙이 이동하고
있다는 것을 알아냈으며 현재 지구의 대륙들은 어떻게 움직이고 있을까? 그리고
대륙의 이동이 지구와 생명의 역사에 어떤 영향을 주었을까?

지구와 생명의 역사는 처음이지?

베게너의 대륙 이동설

☆ 충분한 과학적 근거를 바탕으로 대륙의 이동을 주장한 사람은 독일의 알프레트 베게너였다. 베게너는 세우스가 발견한 여러 대륙에 분포하는 글로소프테리스의 화석, 남극 대륙에서 발견된 석탄, 인도와 아프리카 그리고 오스트레일리아에서 발견된 유사한 빙하 침식지형, 아프리카와 남아메리카 해안의 일치와 같은 관측 결과를 증거로 제시하고 대륙이 이동하고 있다고 주장했다.

■ 알프레트 베게너

베게너는 1915년에 출판한 『대륙과 해양의 기원』이라는 책에서 대륙들이 한때 판게아라고 부르는 하나의 거대한 초대륙을 이루고 있었으며, 주변에는 판탈라사라는 바다가 둘러싸고 있었다고 주장했다. 그는 또한 이 판게아 초대륙이 2억 년 전에 로라시아와 곤드와나라는 두 대륙으로 분리되어 로라시아는 북쪽으로 이동하고 곤드와나는 남쪽으로 이동했다고 설명했다. 그는 주로 밀도가 낮은 화강암으로 이루어진 대륙의 지각은 밀도가 높은 현무암으로 이루어진 해양 지각 위를 떠다니면서 이동한다고 주장했다.

베게너가 제안한 대륙이동설은 현재 과학적으로 충분히 증명된 이론이 되었지만 그가 살아있던 시기에는 이 이론에 대해 반론을 제기하는 사람들이 많았다. 오래전에 지구의 모든 대륙들이 하나였다는 여러 가지 증거를 제시하기는 했지만 어떤 과정을 통해 대륙이 이동하는지를 충분히 설명하지 못했기 때문이었다. 베게너가 제시한 대륙이동설은 1930년 50세이던 베게너가 그린란드에서 연구 중 사망하고 30여 년이 지난 1960년대가 되어서야 널리 인정받기 시작했다.

그 후 측정 장비와 기술의 발전으로 거대한 지각판 위에서 대륙이 이동하고 있다는 많은 증거들이 발견되었다. 이로 인해 베게너의 대륙이동설은 지구의 지각이 몇 개의 판으로 이루어져 있고, 이 판 전체가 움직이고 있다는 판구조론으로 발전했다. 판구조론은 현대 지질학의 기초가 되는 이론이다.

과학자들이 찾아낸 대륙 이동의 증거는 여러 가지가 있다. 가장 중요한 증거는 이미 많은 사람들이 지적했던 대륙의 해안 모습이 잘 들어맞는다는 것이었다. 제2차 세계대전이 진행되는 동안 전 세계 바다 밑의 정밀한 지도를 제작한 사람들은 겉으로 보이는 해안선보다 대륙의 실제 가장자리라고 할 수 있는 깊이 2000m에 있는 대륙 사면의 모습이 훨씬 더 잘 들어맞는다는 것을 밝혀냈다.

멀리 떨어져 있는 대륙의 지질학적 유사점과 각 대륙에서 발견되는 화석도 대륙이 이동하고 있다는 강력한 증거가 되었다. 북아메리카 동부 해안에 있는 애팔래치아 산맥과 스칸디나비아반도를 가로지르고 있는 스칸디나비아 산맥은 지질학적으로 볼 때 유사점이 많다. 과학자들은 산맥들에서 발견되는 지형들을 토대로 판게아 초대륙이 분리되기 전에는 스칸디나비아 산맥과 스코틀랜드와 아이슬란드의 산맥들 그리고 북아메리카의 애팔래치아 산맥이 하나의 산맥을 이루고 있었다는 것을 밝혀냈다.

과학자들은 석탄기와 페름기의 동식물의 화석이 모든 대륙에서 발견되는 것은 고생대에는 모든 대륙이 하나의 거대한 대륙을 이루고 있었다는 증거라고 생각하고 있다. 그러나 중생대 말기에 번성했던 일부 파충류와 식물의 화석이 남아메리카, 아프리카, 남극, 오스트레일리아, 인도 등에서만 발견되는 것은 중생대에는 이 대륙들이 나머지 대륙들과 분리되어 하나의 대륙을 이루고 있었기 때문이라고 보고 있다. 그러나 이 대륙들에서 서로 다른 신생대 생명체들의 화석들이 발견되는 것은 이 대륙들이 신생대에는 서로 떨어져 있었기 때문이라는 것이다.

지각 판은 어떻게 이루어졌을까?

☆ 그렇다면 대륙은 무슨 힘으로 이동하고 있을까? 거대한 대륙의 이동이 왜 어떻게 일어나는지를 알아내는 것은 아주 어려운 문제 같지만 사실은 생각보다 쉬운 문제이다. 고생물학이나 고지질학에서는 대부분 오래전에 있었던 일들이 남긴 희미한 흔적을 바탕으로 과거에 어떤 일이 있었는지를 알아내야 하기 때문에 확실한 답을 알 수 없는 경우가 많다.

그러나 대륙의 이동은 과거에 일어났던 일이 아니라 현재도 진행되고 있는 일이다. 따라서 지구에서 현재 일어나고 있는 일들을 자세하게 관측하면 대륙들이 현재 어떻게 이동하고 있는지 알 수 있고, 이를 바탕으로 과거에 어떻게 이동했는지도 알아낼 수 있다. 지구 곳곳에서 일어나고 있는 지진과 화산 활동, 대양의 중심에서 관측되는 해저 지반 확장, 암석에 남아 있는 잔류 지자기의 방향 분포, 그리고 실제 대륙 사이의 거리의 변화와 같은 것들은 모두 대륙의 이동과 관련된 정보를 가지고 있다.

1961년과 1967년 사이에 일어난 모든 지진의 위치를 지도 위에 표시하여 정리한 과학자들은 대부분의 지진이 길게 늘어진 좁은 지역에서 발생한다는 것을 알아냈다. 후에 화산도 대부분 좁은 지역에 분포한다는 것을 알게 되었다. 따라서 지진과 화산이 자주 발생하는 지역이 지각 판의 경계라는 것을 알게 되었다. 프랑스 지구 물리학자였던 크자비어 르피촌이 1968년 그동안에 축적된 관측 결과들을 바탕으로 지각을 이루고 있는 여섯 개의 판이 어떻게 움직이고 있는지를 설명하는 모델을 제시했다. 1973년에 그는 판구조론에 관한 첫 번째 교과서를 출판했다. ˙

그 후 지각을 이루고 있는 판들의 정확한 크기와 모양, 그리고 이들이 현재 어떤 방향으로 얼마나 빠르게 이동하고 있는지가 밝혀졌다. 이렇게 해서 대륙의 이동을 포함하여 지각에서 일어나는 여러 가지 지질학적 현상을 10여 개로 이루어진 지각 판의 이동과 상호작용으로 설명하는 판구조론이 널리 받아들여지게 되었다.

판구조론은 지질학 연구에 큰 변화를 가져왔다. 이 이론은 과학자

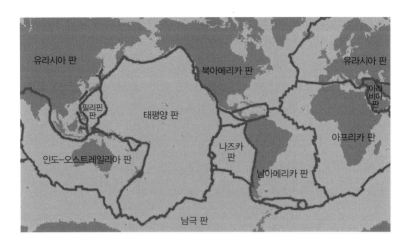

■ 지각을 이루고 있는 지각 판

들이 산맥, 화산, 해양분지, 대양중앙해령, 심해 해구와 같은 지형의 형성과정과 지진과 화산의 형성과정을 이해할 수 있도록 했고, 대륙과 해양의 과거를 들여다 볼 수 있는 실마리를 제공했다. 그리고 지구의 기후가 어떻게 변화해 왔고, 이것이 생명체 진화에 어떤 영향을 주었는지에 대해서도 심도 있는 연구를 할 수 있도록 했다.

무슨 힘이 지각 판을 움직이고 있을까?

☆ 판구조론은 지구 내부에 대한 이해를 바탕으로 하고 있다. 지진파를 분석한 지질학자들은 지구 내부가 가장 위쪽에 있는 얇은 지각, 지각 밑에 있는 맨틀, 액체 상태의 외핵, 그리고 고체 상태의 내핵으

5장 움직이는 대륙

121

로 이루어졌다는 것을 알아냈다.

지각 판의 이동은 지구에서 가장 많은 부분을 차지하고 있는 맨틀에서 일어나고 있는 대류에 의해 일어난다. 두께가 2900km나 되고 전체 지구 부피의 대부분을 차지하고 있는 맨틀은 주로 암석으로 이루어져 있는데, 위쪽은 비교적 단단한 상태인 암석권이고 아래 쪽은 비교적 연한 연약권을 이루고 있다. 맨틀은 기본적으로 고체이지만 부분적으로 녹아 용암을 이루고 있는 부분도 있다.

온도가 높아 밀도가 낮아진 부분은 위로 올라가고 온도가 낮아 밀도가 높아진 부분은 아래로 내려가는 것이 대류이다. 우리는 끓는 물에서 이런 현상을 쉽게 관찰할 수 있다. 맨틀에서도 높은 온도의 용암이 위로 올라오고 온도가 낮아진 부분이 아래로 내려가는 대류가 일어나고 있다. 맨틀에서 이루어지고 있는 이러한 대류로 인해 맨틀 위에 떠 있는 지각 판들이 이동하게 되고, 따라서 지각 판 위에 있는 대륙이 이동하게 된다.

지각 판이 이동함에 따라 판 사이의 거리가 멀어지는 부분도 있고, 판 사이의 거리가 가까워져 충돌하는 부분도 있게 된다. 이런 부분을 판 경계라고 부르는데 판 경계에서는 여러 가지 지질 현상이 일어난다. 판 경계면에서 일어나고 있는 지질학적 현상들 중에서 가장 먼저 사람들의 관심을 끈 것은 대양 한가운데서 일어나고 있는 해저 지반 확장이었다.

해저 지반 확장은 온도가 높은 연약권에서 형성된 용암이 지각을 뚫고 올라와 옆으로 벌어지면서 해양과 대륙을 이동시키는 현상이

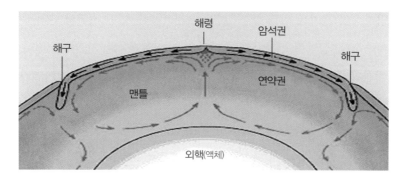

■ 맨틀의 연약권에서 일어나고 있는 대류가 대륙 이동의 동력을 제공한다.

다. 지각 위로 올라온 용암은 확장중심에서 멀어지면 식어서 암석이
된다. 이 때문에 대양확장중심에서 가까운 곳에는 젊은 암석이 분포
한다. 확장중심에서 멀어지면서 암석의 온도가 내려가면 밀도가 높
아져 연약권 가까이로 내려간다. 이 때문에 확장중심에서 멀어지면
해양이 깊어진다. 1959년에서 1963년 사이에 있었던 해저 확장의
발견으로 판구조론이 확실한 토대를 다질 수 있었다.

  판구조론에 의하면 지각은 10여 개의 지각 판으로 구성되어 있
다. 지각 판들은 지표면을 이동하면서 경계에서 다른 지각 판과 상호
작용을 하고 있다. 지각 판의 경계에는 발산경계, 수렴경계, 변환단층
경계 등 세 종류가 있다. 발산경계는 두 판이 서로 멀어지면서 새로
운 지각을 형성하고 있는 경계이다. 해저 지반 확장은 발산경계에서
일어난다. 대서양 중앙해령은 유라시아 판과 북아메리카 판이 서로
멀어지는 발산경계이다.

  두 지각 판이 서로 가까워져 충돌하는 수렴경계에서는 무거운 해

양지각이 가벼운 대륙지각의 아래로 내려간다. 이런 지역의 육지 쪽에는 높은 산맥이 만들어지고, 바다 쪽에는 깊은 해구가 만들어진다. 세계에서 가장 깊은 필리핀 동쪽에 있는 마리아나 해구와 남아메리카의 안데스 산맥은 수렴경계 위에 놓여 있다.

변환단층경계는 두 판이 서로 옆으로 이동하는 경계로 새로운 암석이 만들어지지 않는 경계이다. 예를 들면 캘리포니아의 샌 안드레아스 단층은 북아메리카 판과 태평양 판이 서로 옆으로 미끄러지는 변환단층경계이다.

큰 지각 판 사이에 여러 개의 작은 판들이 끼어 있는 지중해 지역과 같은 지역에서는 지질학적 구조가 복잡해 발산경계나 수렴경계, 그리고 변환단층경계로는 설명하기 어려운 복잡한 형태의 지각 운동이 일어난다. 따라서 이 지역의 지진이나 화산 활동 역시 매우

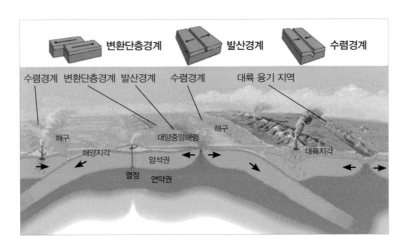

■ 지각 판의 경계에서 일어나고 있는 지질학적 현상들

복잡하다.

지각 판의 이동 속도는 판에 따라 다르다. 예를 들면 가장 빠르게 이동하는 오스트레일리아 판은 북쪽으로 매년 7cm씩 이동하고 있고, 대서양 동쪽에 있는 유라시아 판과 서쪽에 있는 북아메리카 판은 매년 1cm 내지 2.54cm씩 이동한다. 지각 판의 이동으로 인해 대서양은 1492년 콜럼버스가 항해한 이래 10m 더 넓어졌다.

과거에 어떤 초대륙이 만들어졌다가 분리되었을까?

☆ 지각 판의 운동을 통한 대륙의 이동을 이해하게 된 과학자들은 지구의 대륙들이 과거에 어떻게 변해왔는지를 본격적으로 연구하기 시작했다. 과거 대륙의 분포와 이동을 연구하는 데는 각 대륙에서 발견되는 화석과 지층, 현재 지각 판의 이동 방향과 속력, 그리고 지구 내부에 대한 정보를 이용한 컴퓨터 시뮬레이션과 같은 여러 가지 방법이 사용된다.

뜨겁던 초기 지구가 식어 온도가 내려가자 대기 중에 포함되어 있던 수증기가 비가 되어 내려 바다가 형성되었다. 초기 지구에서는 표면의 높이 차이가 크지 않아 지구 전체가 물로 뒤덮여 있었다. 그러나 지구의 표면이 식어 단단한 암석으로 이루어진 지각이 만들어진 후에는 지각 아래에 있는 용암이 지각의 약한 곳을 뚫고 위로 분출되면서 육지가 만들어지기 시작했다. 이렇게 만들어진 지각 판이 아래에서 서서히 이동하고 있는 맨틀의 흐름을 따라 움직이면서 대륙의 이동이 시작되었다.

과학자들은 지구의 대륙들이 일정한 시간 간격을 두고 합쳐져서 하나의 거대한 초대륙을 형성했다가 다시 여러 개의 대륙으로 분리되는 일을 반복해왔다는 증거들을 찾아냈다. 많은 생명체들이 화석을 남겨 놓아 비교적 정확하게 대륙의 이동을 확인할 수 있게 되었다. 그 결과 최근 10억 년 동안에도 지구의 대륙들은 세 번이나 거대한 초대륙을 형성했다가 다시 여러 대륙으로 분리되었다는 사실을 알아내었다.

생명체의 화석이 남아 있지 않은 시생누대나 원생누대의 지각 판 이동은 암석에 포함되어 있는 잔류 지자기의 방향과 지질학적 특징을 이용하여 알아낸다. 암석 속에는 자석의 성질을 가지고 있는 금속이 포함되어 있는데, 이런 금속 자석들은 암석이 형성될 때 북극과 남극을 가리키는 방향으로 굳어진다. 그러나 암석이 대륙과 함께 이동하면 이들 자석들의 방향이 달라진다. 따라서 암석에 포함되어 있는 잔류 자기의 방향을 조사하면 이 암석이 어느 위도에서 굳어졌는지를 알 수 있다.

화석 증거들이 발견되기 이전에도 여러 번 초대륙이 있었다는 것은 각기 다른 시기에 일어났던 조산운동을 조사하는 과정에서 밝혀졌다. 초대륙이란 두 개 이상의 대륙이 하나의 대륙으로 합쳐진 것을 말한다. 과거 지구에는 모든 대륙이 하나로 합쳐져 거대한 초대륙을 형성했던 시기도 있었고, 두 개의 초대륙이 존재했던 시기도 있었다.

그러나 과학자들의 연구 방법에 따라 초대륙이 형성된 시기와 초대륙의 크기나 모양이 크게 다르기 때문에 지구에 얼마나 많은 초대륙이 만들어졌다가 분리되었는지를 확실히 알 수는 없다. 일부 과학자들은 지구에 적어도 10번 이상 초대륙이 형성되고 분리되는 일이 있었다고 주장하고 있다.

최초의 초대륙은 시생누대 초기였던 36억 년 전에 형성된 발바라 초대륙이었다. 그 후 여러 번 대륙의 합체와 분리가 반복되다가 원생누대 말기였던 약 10억 년 전에 지구의 모든 대륙이 모여 하나의 거대한 초대륙인 로디니아가 만들어졌다. 로디니아 이전에 만들어졌던 초대륙들에 대해서는 확실하지 않은 것이 많지만 로디니아 초대륙 이후 대륙의 이동에 대해서는 비교적 자세한 것을 알 수 있다. 과학자들 중에는 로디니아 초대륙이 만들어지기 이전에는 초대륙의 형성과 분리가 반복적으로 일어난 것이 아니라 고판게아라는 초대륙이 오랫동안 존재했다고 주장하는 사람들도 있다.

과학자들은 처음에는 로디니아 초대륙을 판게아라고 불렀지만 1990년부터 출생지라는 의미를 가진 러시아 단어에서 따서 로디니아라고 부르고 있다. 로디니아 초대륙은 미로비아라고 이름이 붙여진 거대한 바다로 둘러싸여 있었다. 로디니아는 약 7억 5000만 년 전부터 분리되기 시작했다가 약 6억 년 전에 판노티아 초대륙으로 다시 합쳐졌다. 로디니아 초대륙의 형성과 분리는 원생누대 말에 있었던 두 번의 빙하기, 그리고 에디아카라 동물의 번성과 멸종에 어떤 식으로든 영향을 주었을 것이다. 그러나 아직 육지 생명체가 존재하지 않

유라시아

로라시아

북아메리카

판탈라사 대양

판탈라사 대양

테티스해

아프리카

남아메리카

곤드와나

인도

오스트레일리아

남극대륙

■ 초대륙 판게아

던 시기에 형성된 로디니아 초대륙은 말 그대로 황폐한 땅이었다.

약 6000만 년이라는 짧은 기간 동안 존속되었던 판노티아 초대륙은 고대생의 캄브리아기 초기에 로렌시아, 곤드와나, 발틱 등 세 개의 대륙으로 분리되었다가 다시 여러 개의 대륙으로 갈라졌다. 여러 개로 분리되어 이동과 충돌을 계속하면서 지구 표면의 모양을 바꾸어 놓고 있던 대륙들이 다시 하나의 초대륙 판게아로 합쳐진 것은 고생대의 페름기가 끝나고 중생대의 트라이아스기가 시작되던 2억 5000만 년 전이었다. 과학자들은 페름기 말에 있었던 페름기 말 생명 대멸종은 판게아 초대륙의 형성과 밀접한 관계가 있다고 생각하고 있다.

중생대 초에 형성된 초대륙 판게아는 공룡이 지구를 누비고 있던 쥐라기 초기인 1억 7500만 년 전부터 다시 분리되기 시작했다. 판게

아 초대륙은 우선 북쪽의 로
라시아 초대륙과 남쪽의 곤드
와나 초대륙으로 분리되었고,
그 사이에는 테티스해가 자리
잡았다. 그리고 곧 로라시아는
유라시아 대륙과 북아메리카
대륙으로 분리되기 시작했고,
곤드와나는 남아메리카, 아프
리카, 인도, 오스트레일리아,
남극 대륙으로 분리되었다.

신생대가 시작되던 6500
만 년 전에는 현재 존재하는
대륙들의 기본적인 틀이 만들

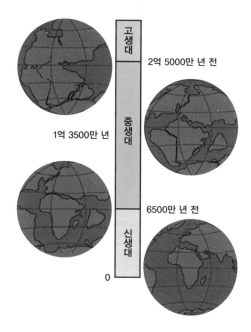

■ 판게아의 형성과 분리 모형

어졌으나 대륙들의 분리가 완전히 끝나지 않아 대륙들이 아직 부분
적으로 연결되어 있었다. 신생대에는 대서양이 넓어지면서 북아메리
카 대륙이 유라시아 대륙으로부터 떨어져 나가 분리되었고, 남아메
리카와 남극 대륙 그리고 오스트레일리아도 분리되었다. 그러나 신
생대 말에는 분리되어 있던 남아메리카와 북아메리카가 파나마 지협
으로 연결되었고, 이 지협을 통해 많은 동물들이 북아메리카에서 남
아메리카로, 그리고 남아메리카에서 북아메리카로 이동했다.

오늘날에도 대륙들은 이동을 계속하고 있다. 한정된 공간인 지구
표면에서 대륙의 이동은 결국 또 다른 대륙의 충돌을 야기할 것이고,

그런 충돌은 또 다른 초대륙의 형성으로 이어질 것이다. 초대륙의 형성과 분리 그리고 대륙의 이동은 지구의 기후와 생태계에 큰 영향을 준다. 대륙이 합쳐져서 초대륙이 형성될 때는 대륙들의 충돌로 인해 화산 활동과 지진이 활발해지고 이는 대기의 조성에 영향을 주어 지구의 기후를 크게 바꾸어 놓는다.

지구 표면은 태양으로부터 똑같은 양의 에너지를 받는 것이 아니라 적도 지방에서는 더 많은 에너지를 받고 극지방에서는 적은 에너지를 받는다. 해류와 바람은 지역에 따라 다르게 받는 태양 에너지를 골고루 섞어주는 역할을 한다. 그러나 대륙의 이동은 해류와 바람의 방향을 바꾸어 놓아 전 지구적인 기후 변화를 초래하기도 한다. 컴퓨터 시뮬레이션을 이용한 연구는 대륙 이동에 따른 기후 변화가 매우 극적이라는 것을 보여주고 있다.

따라서 지구 생명체의 역사를 이해하기 위해서는 지구 환경 변화의 원인을 제공하고 있는 지구의 지질학적 구조에 대해 더 많은 연구가 필요할 것이다.

미래에는 지구의 모습이 어떻게 변할까?

지각을 이루고 있는 지각 판들은 현재도 계속 이동하고 있다. 따라서 지각 판 위에 있는 대륙들도 함께 이동하고 있다. 판들이 오늘날과 같은 속력으로 계속 이동한다면 전반적으로 대륙들이 북쪽으로 이동해 대서양은 계속 넓어질 것이다. 그리고 아프리카 대륙이 유럽 대륙 쪽으로 다가와 지중해가 사라지고 새로운 산맥이 만들어질 것이다.

오스트레일리아 대륙 역시 북상하여 동남아시아와 충돌하게 될 것이다. 그리고 미국의 서부 해안은 북쪽에 있는 알래스카로 다가갈 것이다. 이런 움직임이 계속되면 1억 5000만 년 후에는 대서양과 인도양이 하나로 합쳐지고 대륙들이 아주 가까워질 것이다. 그리고 2억 5000만 년 후에는 모든 대륙들이 하나의 대륙으로 합쳐져 또 하나의 초대륙이 탄생할 것이다. 과학자들은 이 초대륙의 이름을 판게아 울티마라고 이름 지어 놓고 있다. 그때쯤이면 대서양은 사라지고 그 자리에 육지 안에 갇힌 작은 바다가 남을 것이다.

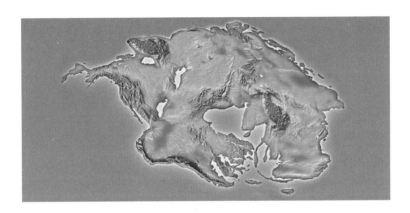
■ 2억 5000만 년 후에 만들어질 초대륙 판게아 울티마의 상상도(출처: 위키피디아)

그러나 이것은 지각 판이나 대륙이 미래에도 현재와 같은 속력으로 움직일 때 일어날 수 있는 일들이다. 지각 판은 앞으로도 계속 같은 속력으로 움직일까? 그것의 답은 지각을 움직이는 힘이 어디에서 나오는지 생각해 보면 알 수 있다. 지각 판을 움직이는 힘은 지구 내부에 포함되어 있는 방사성 원소들이 분열될 때 내는 에너지가 지구 내부의 온도를 상승시키기 때문에 나타난다.

지구 내부에 포함되어 있는 방사성 원소의 양은 제한되어 있다. 그러나 지구 내부의 온도를 올려주는 주된 방사성 원소인 우라늄, 토륨, 칼륨과 같은 방사성 동위원소들의 반감기는 가장 짧은 것도 7억 년이나 되고, 가장 긴 것은 140억 년이나 되기 때문에 다음 2억 5000만 년 동안에 그 양이 크게 줄어들지는 않을 것이다. 따라서 아직도 몇 번 더 초대륙이 만들어지는 일이 반복되겠지만 먼 미래에는 방사성 원소가 고갈되어 지각 판의 운동이 멈추게 될 것이다.

6장

캄브리아기
생명 대폭발

버제스 셰일에서 발견한 화석들

오래전에 살았던 생명체나 생명체가 살았던 흔적이 암석으로 변해 남아 있는 것이 화석이다. 생명체가 죽으면 생명체의 몸은 대부분 미생물에 의해 분해되어 사라진다. 그러나 때로는 죽은 직후 퇴적물에 매몰되어 오랜 시간을 두고 광물이 생명체의 세포들을 채우면 화석이 된다. 지구에 어떤 종류의 생명체들이 살았었는지를 연구하는 고생물학자들에게는 화석이 과거로 안내하는 안내자가 된다.

1850년에 미국에서 태어난 찰스 둘리틀 월컷은 남달리 호기심이 많아 학교에서 공부하는 것보다는 밖에 나가 스스로 세상을 탐험하는 것을 좋아했다. 그는 특히 광물, 암석, 새들의 알, 그리고 화석을 수집하고 관찰하는 것에 관심이 많았다. 우연한 기회에 지질학자를 만난 것을 계기로 그는 본격적으로 화석을 수집하고 연구하기 시작했다.

그는 미국과 캐나다 전역에서 발견되는 고생대 초기인 캄브리아기의 지층에 특히 관심이 많았다. 1909년 어느 날 월컷은 탐사를 위해 말을 타고 캐나다 록키산

■ 아들, 딸과 함께 버제스 셰일에서 화석을 채취하고 있는 찰스 둘리틀 월컷

맥에 있는 버제스산 부근을 지나가고 있었다. 그때 길 가에 흩어져 있는 돌들 중에서 유난히 반짝이는 돌이 보였다. 그 돌을 집어 들고 자세히 살펴본 월컷은 그 안에 포함되어 있는 은색의 화석들을 발견하고 깜짝 놀랐다. 그것은 고대 생명체의 모습이 그대로 보존되어 있는 화석이었다. 이 화석은 5억 800만 년 전에 살았던 생명체의 화석이라는 것이 밝혀졌다.

다음 해 월컷은 아들과 딸을 데리고 이 지역을 다시 찾아와 본격적인 조사를 시작했다. 화석이 발견된 암석층을 자세하게 조사한 월컷은 유난히 많은 화석들을 포함하고 있는 암석층을 발견했다. 이 암석층은 가까이 있는 버제스 산의 이름을 따라 버제스 셰일이라고 부르게 되었다. 셰일은 진흙과 같이 작은 입자들이 퇴적되어 형성된 암석을 말한다.

그 후 1910년부터 1925년까지 버제스 셰일을 여러 차례 다시 찾아온 그는 이곳에서 8만 개 이상의 화석을 수집했다. 이곳에서 그가 발견한 화석 중에는 몸의 연한 부분까지 화석으로 남아 있는 것도 있었다. 월컷은 버제스 셰일에서 발견한 화석들을 여러 권의 책으로 소개했다.

이곳에서 발견된 생명체들은 매우 다양했다. 이상하게 생긴 아노말로카리스도 있었다. 길이가 1m까지 자랐던 아노말로카리스는 아마도 당시 가장 큰 포식자였을 것이다. 그리고 촉수 같은 발로 걸어 다니던 작은 생명체인 할루키게니아의 화석도 발견되었다.

오파비니아는 어느 것과도 비교할 수 없는 독특한 모습을 하고 있었다. 이상하게 생긴 이 생명체는 다섯 개의 눈을 가지고 있었고, 수영하는 데 사용하는 부채 모양의 꼬리를 가지고 있었으며, 끝에 입이 달려 있는 긴 코를 가지고 있었다. 오늘날에 살아있는 생명체들 중에는 이와 비슷한 생명체가 없다. 버제스 셰일에서는 삼엽충의 화석도 발견되었다. 손톱 크기에서부터 25cm에 이르기까지 크기가 다양한 삼엽충은 완전하게 발달된 눈을 가지고 있는 생명체였다.

버제스 셰일 화석의 발견은 고생대 초기의 생명체 연구에 새로운 전기를 제공했다. 이전에 형성된 지층에서는 거의 발견되지 않던 생명체의 화석이 캄브리아기 이후에 형성된 지층에서 대량으로 발견된다는 것은 캄브리아기에 생명체가 갑자기 늘어났다는 것을 의미했다. 사람들은 이 지층이 형성되었던 캄브리아기에 생명체의 수가 갑자기 증가한 것을 캄브리아기 생명 대폭발이라고 부르게 되었다.

그렇다면 캄브리아기 생명 대폭발이 일어난 이유는 무엇일까? 캄브리아기 생명 대폭발 이전과 이후의 생명체는 어떻게 달라졌을까?

생명체가 갑자기 증가한 고생대

지질시대를 구분하는 가장 중요한 기준은 지층이다. 전 세계에 분포하고 있는 다양한 지층에는 그 지층이 형성되던 시기에 살았던 생명체들의 화석이 포함되어 있다. 지층이 포함하고 있는 화석들을 조사해 보면 그 지층이 어떤 시기에 퇴적되었는지를 알 수 있다. 이때 중요한 것은 특정한 시기에 특히 많이 발견되는 표준화석이다. 표준화석은 화석이 발견된 지층이 어느 시대에 만들어진 것인지를 알려주는 중요한 단서가 된다.

표준화석은 전 세계에서 발견되는 화석이어야 하고 특정한 시기에만 살았던 화석이어야 한다. 고생대에 널리 분포했던 삼엽충은 고생대에 만들어진 지층이라는 것을 알려주는 표준화석이다. 고생대 중반에 나타났지만 중생대에 널리 번성하다가 백악기 말에 멸종한 암모나이트는 중생대의 지층을 나타내는 표준화석이다. 중생대에 크게 번성했던 공룡의 화석 역시 중생대 지층임을 나타내는 표준화석이다.

방사성 동위원소가 발견되기 이전에는 지층의 연대를 결정할 때 지층누중의 법칙을 적용했다. 지층누중의 법칙은 아래에 있는 지층이 위에 있는 지층보다 먼저 만들어졌다는 것을 나타낸다. 너무 당연한 이야기처럼 보여 법칙이라고 부르기가 새삼스럽기까지 하다. 그러나 이 법칙은 지층들의 상대 연대를 측정하는 데 유용하게 사용되고 있다. 20세기 이전의 지질학자들은 이 법칙을 이용하여 전 세계에 있는 지층들의 상대적인 연대를 결정하고 이를 바탕으로 지구의 역사를 연구했다.

그러나 1890년대에 방사선이 발견되고 뒤이어 여러 가지 방사성 동위원소가 발견되면서 지층들의 정확한 연대를 알아낼 수 있게 되었다. 방사성 동위원소를 이용한 지질학자들은 현생누대의 첫 번째 시기인 고생대가 5억 4200만 년 전에 시작되어 2억 5100만 년 전까지 약 2억 9000만 년 동안 계속되었다는 것을 알아냈다.

고생대는 크게 전기 고생대와 후기 고생대로 구분할 수 있는데 전기 고생대는 다시 캄브리아기, 오르도비스기, 실루리아기로 나누고 후기 고생대는 데본기, 석탄기, 페름기로 나눈다. 전기 고생대는 1억 2600만 년 동안 계속되었으며, 후기 고생대는 1억 6500만 년 동안 계속되었다.

전기 고생대			후기 고생대		
캄브리아기	오르도비스기	실루리아기	데본기	석탄기	페름기

5.42   4.88   4.43   4.16   3.59   2.99   2.51

(단위: 억 년 전)

■ 고생대는 전기 고생대와 후기 고생대로 나눌 수 있다.

생명체의 역사에서 고생대의 첫 번째 기인 캄브리아기는 특별히 중요하다. '캄브리아'라는 이름은 이 시기의 지층이 처음 발견된 영국 웨일스의 옛 이름인 캄브리아에서 유래했다. 캄브리아기는 지구 생명체의 종류와 수가 갑자기 크게 늘어난 캄브리아기 생명 대폭발이 있었던 시기이다. 캄브리아기에 오늘날 지구상에 살고 있는 동물문의 조상들이 대부분 나타났다. 여기에는 척추동물의 조상도 포함된다.

고생대는 바다에만 살던 생명체가 육지로 진출한 시기이기도 하다. 생명체의 육지 진출은 여러 단계로 나누어 진행되었다. 이끼류와 균류가 육지로 진출한 것은 오르도비스기였고, 실루리아기에는 관다발 식물이 육지에 나타났다. 동물의 육지 진출은 절지동물이 앞장섰고, 척추동물인 양서류가 그 뒤를 이었다. 육지로 진출한 양서류는 물에서 멀리 떨어진 곳에서도 살 수 있는 파충류로 진화했으며, 절지동물은 다양한 곤충으로 진화했다.

그러나 고생대 말인 페름기에는 초대륙 판게아가 형성되면서 많은 생명체들이 멸종되는 페름기 생명 대멸종 사건이 있었다. 생명체가 폭발적으로 늘어나는 캄브리아기 생명 대폭발로 시작된 고생대는 많은 생명체들이 사라지는 페름기 생명 대멸종으로 막을 내렸다.

캄브리아기 생명 대폭발이 있었다는 것은 어떻게 알게 되었을까?

☆ 캄브리아기 생명 대폭발은 캄브리아기가 시작되던 5억 4200만 년 전에서부터 시작하여 약 2000만 년 동안에 다양한 생명체들이 폭발적으로 증가한 사건을 말한다. 그러나 대폭발이라는 단어가 가지고 있는 시간의 개념과 캄브리아기 생명 대폭발이 진행된 시간 사

이에는 큰 차이가 있다.

폭발이라는 말은 아주 짧은 시간 동안에 큰 변화가 있는 것을 말한다. 그러나 캄브리아기에 있었던 생물 다양성의 증가는 2000만 년이 넘는 오랜 기간 동안에 이루어졌다. 과학자들 중에는 캄브리아기 생물 다양성 증가가 우리가 화석으로 확인할 수 있는 것보다 훨씬 오랜 기간에 걸쳐 완만하게 진행되었다고 주장하는 사람들도 있다.

그러나 짧게 잡아 2000만 년이라고 해도 이것은 인류의 조상이 지구상에 등장한 이후 지금까지 흐른 시간보다도 5배나 더 긴 시간이며, 6500만 년 동안 계속된 신생대의 3분의 1에 해당하는 기간이다. 이렇게 긴 시간에 걸쳐 일어난 변화를 폭발이라고 할 수 있을까? 따라서 과학자들 중에는 대폭발이라는 말 대신에 다른 표현을 사용해야 한다고 주장하는 사람들도 있다.

캄브리아기 초기에 있었던 생물의 다양성 증가를 폭발이라고 부르는 것은 생물 다양성이 크게 증가하기 전까지 30억 년이라는 긴 시간이 있었기 때문이다. 2000만 년은 아주 긴 시간이지만 30억 년에 비하면 짧은 시간이다. 30억 년 동안 느리고 지루한 변화를 이어오던 생명체가 30억 년의 150분의 1밖에 안되는 짧은 기간 동안에 30억 년 동안에 이루어낸 변화와는 비교할 수도 없을 정도의 커다란 변화를 이루어냈다. 2000만 년이라는 긴 기간 동안에 걸쳐 일어난 사건을 대폭발이라고 부르는 것은 이 때문이다.

캄브리아기 생명 대폭발 이전의 대부분 생명체들은 단세포 동물들이 군집을 이룬 단순한 생명체들이거나 간단한 형태의 다세포 동물들뿐이었다. 그러나 캄브리아기에는 동물 문의 조상들이 대부분 나타났다.

동물 문의 대표적인 동물들이 캄브리아기에 모두 나타난 것은 아니었다. 예를 들어 절지동물문에서 가장 많은 수를 차지하고 있는 곤충이나 척삭동물문의 대표적인 동물이라고 할 수 있는 파충류나 포유류가 나타난 것은 훨씬 후의 일이다.

진화는 오랜 시간을 두고 서서히 진행되는 과정이어서 어느 날 다양한 형태의 동물들이 갑자기 나타날 수는 없다. 공통 조상으로부터 다양한 동물로 분화되기 위해서는 여러 단계의 진화와 분리 과정이 있어야 한다. 따라서 캄브리아기에 모든 동물문의 조상이 나타났다는 것은 동물의 공통 조상이 오래전에 나타나 진화와 분화가 오랫동안 이루어졌다는 것을 의미한다.

진핵생물에 속하는 생명체들은 원시색소 생명체와 편모가 하나인 단편모 생물로 나눌 수 있다. 식물은 원시색소 생명체에서 진화했고, 버섯이나 곰팡이가 포함되어 있는 균류와 동물은 단편모 생물에서 진화했다. 이것은 녹색식물보다 버섯이나 곰팡이가 생물학적으로 동물에 더 가깝다는 것을 나타낸다.

동물들의 유전자를 비교한 생물학자들은 약 9억 5000만 년 전에 동물의 공통 조상이 동정편모충(깃편모충)의 조상과 분리되었을 것이라고 추정하고 있다. 생물학자들은 지구상에 살아가고 있는 다양한 동물이 모두 약 9억 5000만 년 전에 나타난 공통 조상의 후손들이라고 보고 있다. 이것은 다양한 동물들이 여러 가지 다른 경로를 통해 진화한 것이 아니라 하나의 공통 조상으로부터 진화했다는 것을 의미한다.

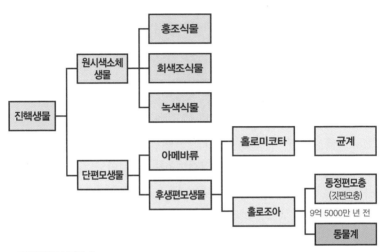

■ 진핵생물의 분류체계

약 9억 5000만 년 전에 나타나 4억 년 동안 느리게 진화와 분화를 계속해오던 동물들이 캄브리아기가 되자 갑자기 다양한 동물들로 발전하였다. 캄브리아기 이전에 형성된 지층에서는 거의 발견되지 않던 동물들의 화석이 캄브리아기 지층에서 다량으로 발견되는 것은 이러한 변화를 잘 나타낸다.

캄브리아기에 살았던 삼엽충의 화석이 처음 발견된 것은 1698년의 일이었다. 그 후 캄브리아기 지층에 대한 탐사를 통해 다양한 동물들의 화석이 발견되었다. 캄브리아기 지층에서 갑자기 다양한 동물들의 화석이 발견된다는 것을 알고 있었던 찰스 다윈은 『종의 기

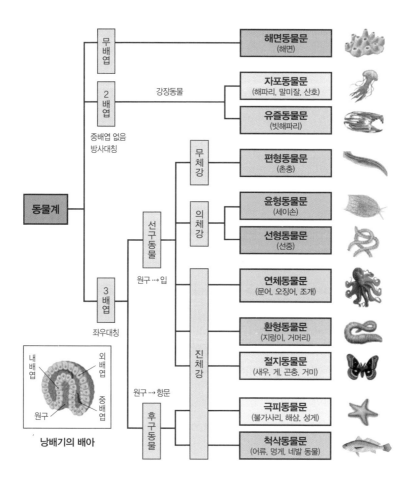

■ 캄브리아기에 현재 지구상에 살아가고 있는 동물의 조상들이 대부분 나타났다.

원』에서 캄브리아기 지층에서 갑자기 다양한 동물의 화석이 나타나는 것은 그 이전에 살았던 생명체들이 화석을 남기지 않았기 때문이라고 설명했다.

　　스미소니언 박물관의 관장이었던 월컷이 버제스 셰일에서 발견한 캄브리아기 동물들의 화석은 캄브리아기 동물 연구에 새로운 전기가 되었다. 그 이후 세계 곳곳에서 캄브리아기 초기에 생명체의 수가 갑자기 늘어났다는 것을 보여주는 화석이 많이 발견되었다.

캄브리아기 생명 대폭발이라는 개념을 처음 제시한 사람은 버제스 셰일에서 발견된 화석을 1970년대에 다시 분석한 해리 위팅턴이었다. 영국의 고생물학자로 미국에서 활동했던 위팅턴은 현재 지구상에 존재하는 동물의 대부분이 캄브리아기에 나타났다고 주장했다. 위팅턴은 삼엽충이 무척추동물 중에서 캄브리아기에 가장 번성했던 절지동물이라는 것을 밝혀내기도 했다.

미국의 고생물학자로 일반인들을 위한 책을 저술하고 텔레비전 강의도 했던 스티븐 제이 굴드는 1989년에 출판된 『생명, 그 경이로움에 대하여』라는 책에서 캄브리아기 생명 대폭발에 대해 설명한 후 캄브리아기 생명 대폭발이라는 말이 일반인들에게도 널리 알려지게 되었다. 자세한 부분에서는 다른 면이 있지만 굴드도 위팅턴과 마찬가지로 모든 현대 동물의 조상들이 비교적 짧은 기간 동안에 갑자기 나타났다고 주장했다.

1980년대 이후에는 더 많은 캄브리아기 화석이 발견되어 캄브리아기 생명 대폭발이 어떻게 진행되었는지에 대해 많은 것을 알게 되었다. 1984년에는 그린란드지질조사소의 과학자들이 그린란드의 북동쪽에 있는 해안에서 1만 점이 넘는 캄브리아기 화석을 발견했다. 시리우스 파세트 동물군이라고 부르는 이 동물들은 버제스 셰일에서 발견된 동물들보다 1000만 년에서 1500만 년 전에 살았던 동물들이라는 것이 밝혀졌다.

그리고 시리우스 파세트 동물군의 화석이 발견된 해와 같은 해인 1984년에 중국 윈난성에 있는 마오티안산에서도 캄브리아기 동물 화석이 대량으로 발견되었다. 천지앙 동물군이라고 부르는 이 동물들의 화석은 종류와 양이 풍부하고 보존 상태가 양호해 과학자들의 많은 관심을 끌었다. 천지앙 동물군의 동물들은 버제스 셰일 동물군이나 시리우스 파세트 동물군보다 1000만 년 내지 2000만 년 더 오래된 고생대 초기의 동물들인 것으로 밝혀졌다.

천지앙 동물군은 다양한 다세포 동물들을 포함하고 있어 원생누대 생명체에서 고생대 생명체로 발전해가는 과정을 이해하는 중요한 자료가 되고 있다. 천지앙 동물군에 포함된 180여 종의 절반은 절지동물에 속하는 동물들이었다.

캄브리아기에 어떤 동물들이 나타났을까?

캄브리아기에 나타나 고생대에 가장 폭넓게 분포했던 동물은 절지동물인 삼엽충이었다. 삼엽충은 몸의 중심축을 이루는 중엽, 각각 좌우에 있는 측엽 등 세 부분으로 이루어져 있다. 삼엽충이라는 이름은 이러한 몸의 구조로 인해 붙은 이름이다. 삼엽충은 지구에 가장 오랫동안 살았던 동물 중 하나라서 그 종류가 매우 다양하다. 고생대 지층에서 특히 삼엽충의 화석이 많이 발견되는 것은 삼엽충이 폭넓

● 삼엽충 화석

게 분포했기 때문이기도 하지만 단단한 껍질로 덮여 있어서 화석으로 보존되기가 쉬웠기 때문이기도 하다.

약 1만 7000종이나 발견된 삼엽충은 살아가는 방법도 다양해 해저에서 죽은 동물을 먹고 살았던 종도 있었고, 플랑크톤을 걸러 먹고 살았던 종도 있었으며, 다른 동물을 잡아먹는 포식을 하는 종도 있었다. 과학자들은 캄브리아기 초기에 다양한 종류의 삼엽충이 발견되는 것은 캄브리아기 이전에 이미 상당한 분화가 있었기 때문이라고 생각하고 있다. 삼엽충은 고생대 초기인 캄브리아기와 오르도비스기에 가장 많은 종들이 존재했고, 그 후에는 줄어들다가 페름기 말에 모두 멸종되어 사라졌다.

삼엽충은 매우 발달된 눈을 가지고 있었다. 삼엽충은 1만 5000개의 눈으로 이루어진 겹눈을 가지고 있었는데 눈의 렌즈는 방해석으로 이루어졌다. 이러한 눈의 구조로 보아 삼엽충은 시력이 매우 좋았을 것으로 보인다. 그러나 삼엽충 중에는 눈이 퇴화된 종도 있었다.

삼엽충 화석에서는 다른 동물의 먹이가 되었던 흔적이 많이 발견되고 있다. 단단한 외골격으로 무장하고 있던 삼엽충의 화석 중에는 찢기거나 물린 흔적을 가지고 있는 것들이 많다. 이것은 삼엽충이 포식자의 공격을 많이 받았다는 것을 나타낸다. 동물이 다른 동물을 잡아먹은 포식의 흔적은 캄브리아기 지층에서 발견되는 화석의 중요한 특징이다. 캄브리아기 이전의 원생누대 말기에 살았던 에디아카라 동물 화석에서는 보이지 않던 이러한 특징은 생명체 진화의 중요한 단계를 보여주고 있다. 고생대 지층에서는 삼엽충 외에도 상처를 가지고 있는 동물들의 화석이 많이 발견된다.

■ 아노말로카리스(출처: By PaleoEquii, 위키피디아)

삼엽충의 가장 위협적인 천적은 고생대 바다의 최상위 포식자였던 아노말로카리스였다. 처음에 발견된 아노말로카리스의 화석들은 몸의 일부만을 보여주고 있었기 때문에 아노말로카리스의 전체적인 모습을 알아내기까지는 여러 번의 시행착오가 있었다. 화석을 이용해 복원한 아노말로카리스는 입은 해파리와 비슷했고, 몸통은 해삼을 닮았으며, 꼬리와 촉수는 새우와 비슷했다.

크기가 2m에 달하는 매우 큰 절지동물이었던 아노말로카리스는 큰 머리를 가지고 있었고, 머리에는 1600개의 눈으로 이루어진 겹눈이 달려 있었으며, 원판 모양의 입을 가지고 있었다. 입의 앞쪽에는 길이가 18cm 정도인 두 개의 팔이 달려 있었다. 헤엄치는 데 사용했을 것으로 보이는 꼬리는 부채 모양이었다. 아노말로카리스는 아가미와 비슷한 기관도 가지고 있었다.

캄브리아기의 전기와 중기 퇴적층에서 많이 발견되는 아노말로카리스는 캄브리아기에 폭넓은 지역에 분포했던 것으로 보인다. 아노말로카리스의 소화기관을 조사한 과학자들은 아노말로카리스가 포식을 했다는 것을 알아냈다. 아노말로카리스의 똥으로 이루어진 화석에서 삼엽충의 잔해가 발견되는 것과 삼엽충을 비롯한 당시 동물들의 화석에서 아노말로카리스의 입 모양과 일치하는 상처가 많이 발견되는 것도 아노말로카리스가 포식자였다는 증거가 되고 있다.

그러나 광물질로 이루어진 단단한 조직을 가지고 있지 않았던 아노말로카리스가 삼엽충의 단단한 껍질을 어떻게 부술 수 있었는지에 대해서는 의문이 제기되고 있다. 따라서 아노말로카리스가 단단한 껍질을 가진 동물을 잡아먹던 최상위 포식자가 아니라 작은 동물이나 플랑크톤을 걸러 먹었던 동물이라고 주장하는 사람들도 있다. 아노말로카리스 중에는 고래의 여과기와 비슷한 구조가 발견되기도 했다.

버제스 셰일에서 발견된 동물 중 세 번째로 많은 동물인 왑티아는 절지동물의 하나로 캄브리아기 생명체의 가장 큰 특징 중 하나인 발달된 눈을 가지고 있었다. 캄브리아기 이전에 살던 생명체들에서는 보이지 않던 눈을 가지게 된 것은 생명체의 진화 과정에서 매우 큰 의미를 가지는 변화였다.

오늘날의 새우와 비슷한 왑티아는 머리, 가슴, 배의 세 부분으로 이루어졌으며, 머리와 가슴의 등 부분은 딱딱한 갑피로 싸여 있었다. 앞쪽에는 눈이 달린 두 개의 눈자루와 여러 개의 마디로 이루어진 길고 가느다란 두 개의 촉각

■ 왑티아(출처: By Nobu Tamura, 위키피디아)

이 붙어 있었다. 왑티아의 눈은 겹눈으로 주변 물체를 식별하거나 주변 물체에 반응하기에 충분했을 것으로 보인다.

아가미를 이용해 호흡했던 왑티아는 얕은 물에 서식하면서 물속에 포함된 유기물을 먹고 살았을 것으로 보인다. 왑티아의 화석에서는 뇌와 장 그리고 항문의 흔적도 발견되었다. 왑티아의 꼬리는 이동하는 동안 몸을 안정시키고 방향을 조절하는 역할을 했을 것이다. 왑티아는 캄브리아기의 중기에 살았던 동물로 버제스 셰일에서만 발견되었다.

캄브리아기 생명 대폭발은 왜 일어났을까?

☆ 캄브리아기 지층에서 이전에는 볼 수 없었던 다양한 동물의 화석이 발견되자 고생물학자들은 캄브리아기 생명 대폭발이 왜 있었는지를 알아내기 위한 연구를 시작했다. 캄브리아기 화석이 많이 발견되기는 했지만 화석과 화학적 흔적만으로 이런 문제의 답을 찾는 것은 쉬운 일이 아니었다.

캄브리아기 생명 대폭발의 원인을 설명하는 이론에는 여러 가지가 있다. 버제스 셰일에서 캄브리아기의 화석을 대량으로 발견한 찰스 둘리틀 월컷은 화석이 남아 있지 않을 뿐이지 원생누대 말에 이미 캄브리아기 생명체들의 조상들이 살고 있었다고 주장했다.

그러나 캄브리아기 지층에서 많은 동물의 화석이 발견되는 것은 캄브리아기 이전과 이후에 전혀 다른 동물들이 살았다는 것을 의미한다. 따라서 캄브리아기 이전에 살았던 화석을 남길 수 없었던 동물들이 어떻게 갑자기 화석을 남길 수 있는 단단한 몸을 가진 생명체로 진화했는지를 설명해야 하는 과제가 남게 된다.

1998년 영국 국립 자연사박물관의 앤드류 파커는 캄브리아기 생명체에서 처음으로 발견되는 눈이 갑작스런 생명체 증가와 관련이 있을 것이라고 주장했다. 그는 캄브리아기에 단단한 골격을 가진 동물이 나타난 것도 동물들이 눈을 가지게 된 것과 관련이 있다고 설명했다.

캄브리아기 생명 대폭발이 일어나기 전에 살던 연체동물 중에 안점을 가진 동물이 나타났고 안점이 점차 눈으로 진화했다. 눈을 가진 동물은 먹이의 위치나 상대의 약점을 정확하게 알 수 있었고 포식자를 재빨리 피할 수도 있었기 때문에 생존 경쟁에서 유리한 입장에 설 수 있었다. 눈을 가진 포식자가 나타나자 방어하는 데 필요한 단단한 외골격이나 가시, 그리고 도주하는 데 필요한 발과 지느러미 등을 가진 동물들이 다양하게 출현하게 되었다. 캄브리아기 생명 대폭발 초기에 나타난 삼엽충도 고도로 발달된 눈을 가지고 있었다.

캄브리아기 이전에 다양한 생명체가 나타나지 않았던 이유를 빙하기에서 찾는 학자들도 있다. 원생누대 말 크라이오젠기에 있었던 지구 전체가 눈으로 뒤덮이는 빙하기가 생명의 진화에 장애가 되었다가 빙하기가 끝나면서 생명의 진화가 폭발적으로 일어났다는 것이다.

과학자들 중에는 기존의 진화론을 일부 수정한 새로운 진화 이론을 제안하기도 했다. 과학자들은 캄브리아기 화석뿐만 아니라 다른 시기에 발견된 화석에서도 한 생명체에서 다른 생명체로 변해가는 중간 단계의 화석이 발견되지 않는 경우가 많다는 것을 발견했다. 이것은 화석을 통해 진화를 연구하고 있는 생물학자들이 설명하기 어려워하는 일이었다.

이것을 설명하기 위해 1960년대에 미국의 고생물학자 닐스 엘드리지는 진화는 일정한 속도로 서서히 진행되는 것이 아니라 오랫동안 진화가 거의 없는 휴지기가 계속되다가 짧은 기간 동안에 생명이 갑자기 다양하게 진화하는 단계를 거친다는 단속 평형설을 주장했다. 캄브리아기 생명 대폭발의 개념을 많은 사람들에게 알린 스티븐 굴드가 1970년대에 단속 평형설을 다시 정리하여 발표한 후 단속 평형설은 많은 사람들의 주목을 받는 새로운 진화 이론이 되었다.

동물이나 식물 중에서 실러캔스, 투구게, 앵무조개, 은행나무와 같이 몇 억 년 동안 조금도 변하지 않고 원래의 모습을 그대로 간직하고 있는 것들을 살아있는 화석이라고 부른다. 단속 평형설을 주장하는 과학자들은 살아있는 화석이 진화가 오랫동안 일어나지 않을 수 있는 증거라고 주장했다. 생명체의 진화를 부정하고 신에 의한 창조를 주장하는 사람들은 캄브리아기에 갑자기 다양한 생명체들이 나타난 것이 창조의 과학적 증거라고 주장하기도 한다.

척추동물의 등장

☆ 지구 생명의 역사 이야기에서는 캄브리아기 생명 대폭발이 큰 관심을 끌고 있지만 새로운 생명체의 등장이 캄브리아기에만 있었던 것은 아니다. 캄브리아기 다음에 오는 오르도비스기에도 새로운 생명체가 속속 등장했다. 오르도비스기는 캄브리아기 말에 있었던 생명 멸종 사건이 끝난 때로부터 오르도비스기 말 생명 대멸종 사건까지 약 4120만 년 동안 계속된 시기이다.

오르도비스기의 가장 큰 특징은 생명체의 다양성이 크게 증가한 것이다. 과학자들 중에는 오르도비스기에 생명 다양성이 4배로 증가했다고 주장하는 사람들도 있다. 생명 다양성의 증가로 이전에는 비교적 단순했던 먹이사슬이 오르도비스기에는 매우 복잡해졌다.

우리가 특히 관심을 가지는 척추동물은 척삭동물문에 속한다. 척삭동물은 등 쪽에 일생의 어느 단계 또는 일생 동안 몸의 중심축을 이루고 발생 단계에서 중요한 역할을 하는 연골과 비슷한 탄력성 있는 물질로 이루어진 막대 모양의 조직을 가지고 있다. 척삭동물의 조상이 처음 나타난 것은 캄브리아기 초였다.

척삭동물문은 두삭동물아문, 피낭동물아문, 척추동물아문으로 나눈다. 창고기와 같이 두삭동물아문에 속하는 동물들은 일생동안 척삭을 가지고 있다. 피낭동물아문에

척삭   신경계

■ 일생 동안 척삭을 가지고 있는 창고기는 두삭동물에 속한다.

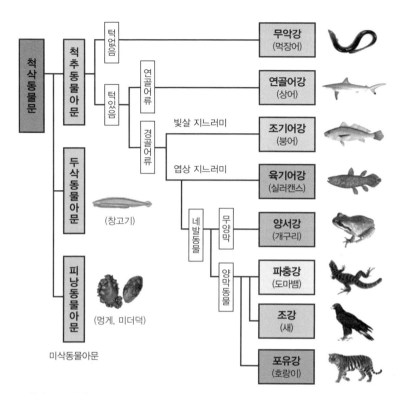

■ 척삭동물의 진화 계통도

속하는 동물들은 유생 단계에는 꼬리 부분에 척삭을 가지고 있지만, 부착 생활을 하는 성체가 되면 더 이상 살아가는 데 필요 없게 된 척삭이 사라진다.

발생 초기 단계에는 척삭이 나타나지만 후에 뼈로 이루어진 척추로 바뀌는 동물이 척추동물이다. 어류, 양서류, 파충류, 조류(새), 포유류가 척추동물이다. 모든 동물을 척추를 가지고 있는 척추동물과 척추를 가지고 있지 않은 무척추동물로 나누기도 한다.

캄브리아기 초기에 척삭동물의 조상이 나타나기는 했지만 캄브리아기와 오르도비스기의 바다는 연체동물과 절지동물의 세상이었다. 그러나 오르도비스기 말부터 척추동물이 차츰 그 영역을 넓혀가기 시작했다. 처음 나타난 척추동물은 턱이 없는 무악류였다. 칠성장어나 먹장어는 처음 등장했던 척추동물의 후손으로 턱이 없는 입으로 먹이를 흡입하여 먹는다. 먹장어나 칠성장어는 뚜렷한 척추를 가지고 있지 않아 두삭동물로 분류하는 사람들도 있다. 먹장어와 모습이 비슷하지만 뱀장어는 척추동물인 경골어류에 속한다.

캄브리아기 말에 처음 등장한 턱과 이빨을 가지고 있던 어류가 오르도비스기 말에는 다양한 어류로 발전했고, 데본기에는 오늘날 발견할 수 있는 어류의 조상 대부분이 나타났다. 다양한 어류들이 살았던 데본기는 어류의 시대라고도 부른다.

오르도비스기에 나타나 데본기에 번성했다가 멸종한 어류 중에는 갑주어가 있다. 턱은 가지고 있지 않았지만 머리와 몸통 앞부분이 단단한 판으로 덮여 있었고, 뒷부분에는 비늘을 가지고 있는 독특한 모습을 하고 있었다. 갑주어는 이러한 외관을 갖춘 여러 가지 어류를 총칭하는 이름이어서 분류학상의 명칭은 아니다. 갑주어는 데본기 말에 멸종했다.

캄브리아기에 처음 나타난 턱이 있는 물고기들은 데본기에 단단한 뼈를 가지고 있는 경골어류와 질긴 피부와 연한 뼈를 가지고 있는 연골어류로 진화했다. 연골어류는 부력을 얻는 데 이용하는 공기 주머니인 부레를 가지고 있지 않은 대신 커다란 간을 이용해 부력을 얻으며 입이 아래쪽으로 향하고 있는 물고기들로 상어나 가오리 종류가 여기에 속한다. 오늘날 우리가 볼 수 있는 대부분의 물고기들은 단단한 뼈를 가지고 있는 경골어류이다.

경골어류에 속하는 물고기들은 지느러미의 구조에 따라 조기어류와 육기어류로 나눈다. 조기어류는 뼈가 부챗살처럼 펴져 있는 지느러미를 가지고 있고, 육기어류는 손이나 발의 관절 구조와 비슷한 뼈를 가진 나뭇잎 모양의 지느러미를 가지고 있는 물고기들이다. 오늘날 볼 수 있는 대부분의 물고기들은 조기어류에 속하지만 우리의 관심을 끄는 것은 육기어류들이다. 이들이 데본기에 육지 진출에 성공하여 양서류를 거쳐 파충류와 조류 그리고 포유류로 진화했기 때문이다.

조기어류들이 바다에서 크게 번성한 것과는 달리 육지 상륙을 성공시킨 육기어류들은 거의 멸종되었다. 육기어류 중에서 아직 살아 있는 것은 오래전에 멸종된 것으로 여겼었지만 아직도 살아있는 것이 확인된 실러캔스와 오스트레일리아, 남아프리카, 아프리카의 민물에서 살아가는 폐로 호흡을 하는 6종의 폐어류들뿐이다.

멍게와 미더덕도
척삭동물이다

쓴맛이 감도는 독특한 풍미로 입맛을 돋우는 멍게와 미더덕이 척삭동물에 속한다는 것을 의외라고 생각하는 사람들이 많을 것이다. 척(脊)은 등이라는 뜻의 한자이고, 삭(索)은 동아줄이라는 뜻의 한자이다. 索은 찾는다는 의미도 가지고 있는데 그럴 때는 색이라고 읽는다. 이 때문에 척삭동물을 척색동물이라고 부르는 사람들도 있다.

척삭동물이라는 말은 등에 동아줄이 있는 동물이라는 뜻이다. 다시 말해 등에 몸을 지탱하는 역할을 하는 연골과 비슷한 탄력성 있는 물질로 이루어진 막대 또는 밧줄 모양의 조직을 가지고 있는 동물이 척삭동물이다. 그런데 멍게나 미더덕은 아무리 보아도 척삭이라고 할 만한 것이 보이지 않는다. 그런데 어떻게 멍게와 미더덕을 척삭동물이라고 할 수 있을까?

멍게와 미더덕은 척삭동물 중에서도 꼬리 부분에 척삭을 가지고 있는 피낭동물에 속한다. 피낭동물은 꼬리부분에 척삭이 있다는 뜻으로 미삭동물이라고

■ 해초처럼 보이는 멍게는 척삭동물의 일종인 피낭동물에 속한다.

도 부른다. 멍게와 미더덕은 피낭동물아문의 해초강에 속하는 동물이다. 바다에서 자라는 식물과 비슷하다고 해서 해초강이라고 부르게 되었다.

해초강에 속하는 동물들의 일생은 유생시기와 성체시기로 나누어진다. 유생시기와 성체시기에는 겉모습뿐만 아니라 내부 구조와 살아가는 방법이 전혀 다르다. 물속을 헤엄쳐 다니면서 살아가는 유생시기에는 꼬리 부분에 척삭을 가지고 있다. 이들이 척삭동물로 분류되는 것은 유생시기에 꼬리 부분에 척삭을 가지고 있기 때문이다.

그러나 성체가 되면 뿌리처럼 생긴 돌기를 이용해 바위나 흙에 달라붙어 고착 생활을 한다. 고착 생활을 하는 성체는 입수공을 통해 흘러들어온 물을 출수공을 통해 밖으로 내보내면서 물속에 포함되어 있는 유기물이나 플랑크톤을 걸러 먹는다.

따라서 성체가 되면 유생시기에 움직이는 데 사용했던 꼬리가 사라지고, 꼬리 부분에 있던 척삭도 퇴화되어 버린다. 스스로 움직여 다니면서 먹이를 찾던 유생시기에는 뇌도 가지고 있지만, 고착 생활을 하게 되면 에너지를 많이 사용하는 뇌가 필요 없게 되어 뇌도 없애 버린다. 성체가 된 후에는 동물의 특징이라고 할 수 있는 신경을 비롯한 다른 기관들도 사라져 식물과 비슷한 모습을 하게 된다.

단단한 껍질 안에 부드러운 속살을 가지고 있는 멍게는 3년 정도 자라면 20cm 정도가 되는데 이 정도 크기가 되어야 식용으로 사용할 수 있다. 멍게는 주로 주황색의 속살을 초장에 찍어서 먹는데 쓴맛이 감도는 풍미와 식감이 독특하다. 이러한 독특한 풍미로 인해 멍게를 좋아하는 사람은 매우 좋아하지만 싫어하는 사람들도 많다.

길이가 5 내지 10cm 정도 되는 두툼한 곤봉 모양으로 생긴 미더덕은 자루의 끝을 바위에 부착시키고 거꾸로 매달려 산다. 우리나라에서는 미더덕을 해물찜을 비롯한 여러 가지 요리의 재료로 사용하고 있지만 다른 나라에서는 거의 식용으로 사용하지 않는다. 미더덕은 껍질까지 다 먹는 사람들도 있고 터트려 국물만 먹고 나머지는 버리는 사람들도 있다. 그런가 하면 물을 빼낸 후 미더덕회로 즐기는 사람들도 있다.

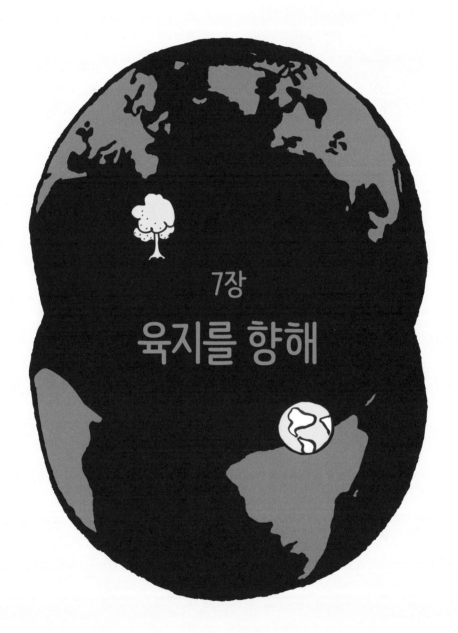

7장

육지를 향해

상륙 작전의
선봉장
이끼류

습기가 많은 땅이나 바위 위 그리고 나무줄기에는 대개 이끼가 자라고 있다. 화분이 빠르게 마르는 것을 방지하기 위해 화분 위에 이끼를 심는 사람들도 있고, 산에서 채취한 귀중한 약재가 마르지 않게 하기 위해 이끼로 싸서 가지고 오기도 한다. 그러나 물속에 사는 이끼는 없다. 이처럼 이끼는 물기를 좋아하지만 물속에서 살 만큼 물을 좋아하지는 않는다.

잎이 가는 줄기를 덮고 있는 작고 부드러운 식물인 이끼의 크기는 1~10cm 정도이며, 축축하고 그늘진 곳에 엉켜 집단을 이루고 살아간다. 이끼는 물과 영양분을 날라다 주는 관을 가지고 있지 않아 다른 식물들처럼 높이 자랄 수 없지만 커다란 군집을 이루어 살아가기 때문에 넓은 땅을 뒤덮고 있는 경우도 있다.

이끼가 속해 있는 식물을 생물 분류학에서는 선태식물이라고 부른다. 약 2만 3000종을 포함하고 있는 선태식물은 열대우림에서 극지방에 이르기까지 넓은 지역에서 자라고 있다. 물이 없는 사막과 물로 이루어진 바다를 제외하면 모든 곳에

서 살아갈 수 있는 식물이 선태식물
에 속하는 이끼들이다.

이끼가 이렇게 다양한 기후와
환경에서 살아갈 수 있는 것은 생명
력과 적응력이 뛰어난 식물이기 때
문이다. 이끼의 놀라운 생명력은 우
주에서의 실험을 통해서도 증명되었
다. 2007년 9월 14일 소련의 포톤연
구 위성프로그램에서는 여러 가지
과학 실험 장비를 실은 인공위성을

■ 바위를 뒤덮고 자라고 있는 이끼

지구 궤도로 발사했다. 이 인공위성은 저궤도에서 12일 동안 지구 주위를 돈 다음
9월 26일 지구로 돌아왔다. 이 우주선에는 유럽 우주국에서 의뢰한 43가지 실험
유닛이 실려 있었다.

유럽 우주국의 실험 유닛 중에는 이끼가 자외선과 방사선이 강한 우주 환경에
서 어떻게 살아남을 수 있는지를 알아보기 위한 실험 유닛도 포함되어 있었다. 바
이오팬이라고 부르는 실험 유닛에는 두 종류의 이끼가 실려 있었다. 이 이끼들은
우주에 있는 동안 다양한 온도와 우주 방사선에 노출되었다. 과학자들은 우주선
이 지구로 귀환한 다음 이 이끼들이 살아있을 뿐만 아니라 광합성 능력에도 별다
른 변화가 없었다는 것을 알아냈다. 이것은 지구 생명체가 우주로 진출하는 경우
우주에서도 살아남을 가능성이 가장 큰 생명체가 이끼류라는 것을 나타낸다.

지구에서 생명체가 가장 먼저 나타난 곳은 바다였다. 바다에서 시작된 생명
체는 30억 년 이상 바다를 떠나지 못했다. 태양의 강한 자외선을 막아주고, 온도

변화가 심하지 않으며, 영양분이 풍부한 바다는 생명체가 살아가기에 좋은 환경이었다. 따라서 육지는 30억 년이 넘는 오랜 세월 동안 생명의 그림자조차 없는 황폐한 땅이었다.

그러나 오르도비스기부터 생명체가 육지로 상륙하기 시작했다. 육지 진출의 선봉장은 혹독한 환경에서도 살아남을 수 있는 이끼였다. 당시 생명체들에게는 육지가 혹독한 환경을 가진 미지의 세계였다. 바다에 살던 생명체들의 육지 진출은 여러 단계로 나누어 진행되었다. 처음에는 물기가 마르지 않는 물가로 진출했다. 그리고 차츰 물에서 먼 곳까지 나아갔다.

처음 육지에 상륙한 이끼류는 물가에 자리 잡았다. 이끼류 다음에는 관을 가지고 있어 높이 자랄 수 있는 관다발식물이 뒤따랐다. 식물들의 육지 진출로 육지에 생명이 풍성해지기 시작하자 동물들도 육지 상륙을 시도했다. 처음 육지 상륙에 성공한 동물은 절지동물이었다. 그 다음에는 척추동물이 육지로 올라왔다.

식물과 동물들의 잇단 상륙으로 지구 생명체의 중심이 바다에서 육지로 옮겨졌다. 현재는 생명이 시작된 바다보다 육지에 더 많은 생명체들이 다양한 형태로 살아가고 있다. 지구가 생명체로 가득한 행성이 될 수 있었던 것은 이끼가 선봉에 선 식물과 동물들의 상륙작전이 성공했기 때문이다.

그렇다면 생명체들의 육지 진출은 언제 시작되었을까? 생명체들은 왜 바다를 떠나 육지로 올라왔을까? 그리고 육지에 진출한 생명체들은 새로운 환경에 적응하기 위해 어떤 전략을 구사했을까?

이끼류와 균류의 육상 진출

☆ 지구에 최초의 생명체가 나타난 후 30억 년 동안 바다에는 다양한 생명체들이 살아가고 있었지만 육지는 생명이 없는 황폐한 땅이었다. 그러나 오르도비스기 초에 형성된 지층에서 식물의 포자 화석이 발견되는 것으로 보아 이 시기에 육지에도 생명이 나타나기 시작한 것으로 보인다.

처음으로 육지에 나타난 생명체는 물가에서 자라는 식물인 이끼류였다. 시아노박테리아에서 진화하여 광합성 작용을 하는 이끼들은 물가에 살면서 광합성 작용으로 영양물질을 만들어냈다. 그러나 이끼는 물이나 영양분이 이동하는 데 필요한 관을 가지고 있지 않아 높게 자랄 수는 없었다.

이끼류와 비슷한 시기에 균류도 육지에 상륙했다. 균류는 그 명칭으로 인해 혼동을 주는 생명체이다. 세균과 균류는 비슷한 이름을 가지고 있지만 전혀 다른 생명체이다. 세균은 막으로 둘러싸인 세포핵을 가지고 있지 않은 원핵생물로 가장 먼저 지구상에 나타난 생명체이다. 그러나 균류는 여러 개의 진핵세포로 이루어진 다세포 생명체로 버섯이나 곰팡이가 이에 포함된다.

18세기에 처음으로 근대적 생명체 분류를 시도했던 스웨덴의 칼폰 린네는 효모, 곰팡이, 버섯 등을 포함하고 있는 균류를 식물에 포함시켰다. 그러나 광합성 작용을 통해 스스로 영양물질을 만들어내는 식물과 달리 균류는 스스로 영양분을 만들어낼 수 없고 다른 생물에 기생하여 살아간다. 이끼류에 이어 육지에 나타난 균류는 다른 생명체들과의 공생을 통해 식물이 육지에 정착하는 데 도움을 주었을 것이다.

사람의 발길이 닿지 않는 바위 위에 말라 비틀어져 죽은 것처럼 보이는 버섯이 나있는 것을 본 적이 있을 것이다. 이것이 바위 위에서 살아가고 있는 석이버섯이다. 석이라는 말은 바위의 귀라는 뜻이다. 석이버섯은 지의류라고 부르는 특이한 생명체이다. 지의류는 균류에 속하는 자낭균이라고 부르는 곰팡이와 광합성을 하는 세균이 공생하는 복합 생명체이다. 스스로 광합성 작용을 할 수 없는 자낭균은 세균이 광합성 작용으로 만든 탄수화물을 이용하고, 세균은 균류로부터 수분을 공급 받으며 함께 살아간다.

■ 바위 위에서 자라는 석이버섯

지의류는 극지방, 사막, 화산 지역에 새로 형성된 암석과 같이 생명체가 살아가기 어려운 환경에서도 살아갈 수 있다. 높은 산 위에 있는 바위 표면이나 화산 활동으로 만들어진 용암 위에 가장 먼저 자라는 것이 지의류이다. 지의류가 자라면서 암석 표면을 토양으로 바꿔 놓으면 다른 식물이 자랄 수 있게 된다. 눈이 쌓여 있는 높은 산꼭대기 바로 아래에 가장 먼저 자리 잡는 것도 지의류이다. 균류와 세균의 공생을 통해 생명의 영역을 넓혀가는 지의류는 생명체가 육지로 진출하는 과정에서 균류와 세균의 공생이 중요한 역할을 했음을 알 수 있게 해준다.

관다발식물의 등장

육지에서 발견된 최초의 관다발식물의 화석은 1937년 영국 웨일즈 지방에서 발견된 실루리아기 말에 살았던 식물의 화석이다. 이 식물은 이 화석을 집중적으로 연구한 오스트레일리아의 여성 고생물학자 이자벨 쿡손의 이름을 따서 쿡소니아라고 부른다. 오르도비스기에 육지에 나타났던 이끼류나 균류는 포자의 화석만 발견되는 것과는 달리 쿡소니아는 식물체의 화석이 발견되었다. 따라서 쿡소니아 화석은 지구상에서 발견된 최초의 육상 식물 화석이라고 할 수 있다. 쿡소니아의 화석은 영국, 아일랜드, 북아메리카 북동부 해안 등에서 발견된다.

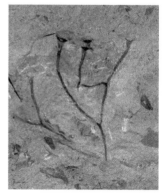

■ 쿡소니아 화석

물을 이동시키는 원시적인 물관을 가지고 있던 쿡소니아는 크기가 작기는 했지만 땅 위로 자랄 수 있었다. 쿡소니아의 크기는 수 cm 정도였고, 줄기의 두께는 3mm 내외였다. 줄기의 아래쪽 끝에는 아직 뿌리라고 하기는 어려웠지만 땅에 지지하는 역할을 하는 부분이 달려 있었다. 그러나 잎은 없었다.

줄기는 자라면서 두 갈래로 갈라졌고, 포자 주머니는 줄기의 끝에 달려 있었다.

오스트레일리아의 빅토리아 지방에 있는 도로변에서도 실루리아기 말에 살았던 관다발식물의 화석이 발견되었다. 1875년에 처음 발견된 이 화석들은 1935년 이자벨 쿡슨에 의해 본격적으로 연구된 후에야 그 중요성을 알게 되었다. 이곳에서 화석으로 발견된 식물의 이름은 바라그와나티아이다.

가지가 난 줄기를 가지고 있었던 바라그와나티아는 28cm까지 자랐으며, 바늘 모양의 잎을 가지고 있었다. 바라그와나티아는 잎을 가지고 있던 최초의 육상 식물이었다. 이들은 포자에 의해 번식했으며, 표면에 기공이 있었고, 햇빛을 받는 모든 부분에서 광합성을 했던 것으로 보인다.

초기 관다발식물이 육지에 나타나기는 했지만 실루리아기에는 아직 육상 식물이 지구 생태계에 큰 영향을 주지 못했다. 그러나 실루리아기와는 달리 데본기의 지층에서는 다양한 종류의 육상 식물들의 화석이 세계 곳곳에서 발견되었다. 가장 유명한 데본기의 화석은 스코틀랜드에 있는 라이니 처트에서 발견된 화석들이다. 처트는 퇴적암의 일종인 규질암을 이르는 말이다.

라이니 처트의 화석은 1912년 스코틀랜드의 윌리엄 맥키에 의해 우연히 발견되었다. 지질 지도를 작성하기 위해 이 지역을 답사하고 있던 맥키가 라이니 마을 부근에 있는 오래된 돌로 만든 담장에서 이상하게 생긴 화석을 발견한 후 1917년부터 1921년 사이에 이 지역의 화석에 대한 집중적인 조사가 이루어졌다. 그 후에 여러 차례 이 지역에서 많은 데본기 화석들이 수집되었다.

라이니 처트에서 발견된 화석에는 데본기 식물들의 상태가 아주 잘 보존되어 있어서 데본기에 어떤 식물들이 살았고, 어떤 구조를 하고 있었는지를 자세하게 알아낼 수 있었다. 라이니 처트에서 발견된 화석 중에는 세포벽의 구조가 분명하게 나타나 있는 화석도 있고, 식물의 연한 부분이 그대로 보존되어 있는 것도 있다. 이처럼 식물의 상태가 잘 보존된 화석들이 만들어질 수 있었던 것은 이 지역이 퇴적층이 만들어지기 쉬운 모래로 이루어졌을 뿐만 아니라 뜨거운 물이 샘솟는 온천 지역이었기 때문인 것으로 보인다.

이 화석들에 나타난 식물은 세포벽을 단단하게 지탱할 수 있도록 해주는 리그닌이라고 부르는 물질을 포함하고 있었다. 리그닌은 물이 세포벽을 통과하지 못하게 하기 때문에 물관을 통해 물이 높은 곳까지 올라갈 수 있도록 했다. 따라서 식물이 높이까지 자랄 수 있었다. 이것은 실루리아기 지층에서 발견된 쿡소니아보다 훨씬 발전된 관다발식물이었다.

동물들의 상륙 작전

☆ 육지에서 발견된 가장 오래된 동물의 흔적은 오르도비스기 지층에서 발견되는 지네같이 여러 개의 다리를 가지고 있는 절지동물이

기어간 발자국의 화석이다. 이런 발자국을 남긴 절지동물의 크기는 50cm 정도였고, 16개 내지 22개의 발을 가지고 있었을 것으로 추정된다. 그러나 절지동물 몸체의 화석은 실루리아기 지층에서나 발견되기 때문에 최초로 육지에 살았던 절지동물의 구조나 생활상에 대해서는 자세히 알 수 없다.

척추동물이 육지로 올라온 것은 데본기였다. 물속에 살던 척추동물인 어류가 육지로 올라오기 위해서는 공기 중에서 호흡할 수 있는 폐를 가지고 있어야 하고, 부력이 없는 육지에서 몸을 지탱하기 위한 든든한 다리와 골격을 가지고 있어야 했다. 물속에서만 살던 어류가 어떻게 육지 생활에 필요한 이런 기관들을 발전시킬 수 있었을까?

이에 대해 물속에서 살아가는 포식자를 피하거나 한 호수에서 다른 호수로 이동하기 위해 물 밖으로 나오면서 육지에서 이동하는 데 필요한 기관들을 발전시켰을 것이라고 보는 과학자들이 많이 있다. 그러나 물속에 사는 동안에 이미 수생 식물이 밀집한 물 밑을 기어다니기 위해 지느러미를 발과 비슷하게 발전시켰을 것이라는 주장도 만만치 않다. 두 가지 중 어느 것이 사실인지를 확실하게 알 수는 없지만 데본기의 지층에서는 폐를 가지고 있는 어류와 지느러미를 다리와 비슷한 구조로 발전시킨 어류 및 양서류의 중간 단계를 나타내는 동물들의 화석들이 많이 발견되었다.

어류가 공기 중에서 호흡하는 데 필요한 폐를 발전시키는 것은 어려운 일이 아니었을 것이다. 산소가 풍부하지 않던 시기에 살던 원시 어류 중에는 공기 중의 산소를 사용했을 것으로 보이는 폐와 비슷한 기관을 가지고 있었기 때문이다. 그러나 부력이 없어 몸무게가 훨씬 무겁게 느껴지는 육지에서 몸을 지탱하고 이동하는 데 필요한 튼튼한 다리를 발전시키는 것은 쉬운 일이 아니었을 것이다.

육지에 상륙하기 위한 시도를 했거나 육지에 상륙하기 위해 발을 발전시킨 어류들은 다리와 비슷한 관절 구조의 지느러미를 가지고 있던 육기어류들이었다. 판데리크티스와 유스테놉테론은 발과 비슷한 지느러미를 가지고 있었던 육기어류였다.

데본기에 살았던 판데리크티스는 몸길이가 90~130cm였으며, 양서류와 비슷하게 생긴 머리와 네발 동물의 발 뼈와 비슷한 골격구조를 갖춘 지느러미를 가지고 있었다. 그러나 이 지느러미들은 관절이 없고 매우 짧아 물 밖으로 몸을 내미는 데는 사용하지 못했을 것으로 보인다.

유스테놉테론도 네발 동물의 발과 비슷한 뼈가 있는 지느러미를 가지고 있었다. 그러나 유스테놉테론의 지느러미 역시 육상에서 이동하기에는 적당하지 않았다. 유스테놉테론은 폐도 가지고 있었지만 주로 물속에서만 생활한 육기어류였다.

판데리크티스나 유스테놉테론과 같이 물속에 살면서 발과 비슷한 지느러미를 발달시켰던 육기어류와 이크티오스테가와 같은 원시 양서류의 중간 단계에 있는 동물이 틱타알릭이다. 틱타알릭을 최초의 양서류라고 설명하는 사람들도 있다.

틱타알릭은 전체적으로 보면 육기어류의 특징을 더 많이 가지고 있었다. 그러나 오늘날의 악어와 비슷하게 어깨, 팔꿈치, 손목과 비슷

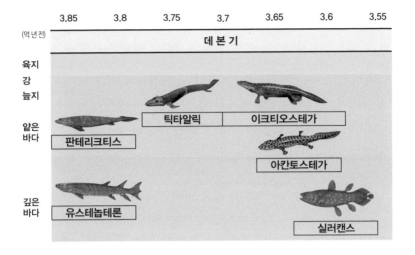

	3.85	3.8	3.75	3.7	3.65	3.6	3.55

데 본 기

육지
강
늪지

얕은
바다

틱타알릭

판테리크티스

이크티오스테가

아칸토스테가

깊은
바다

유스테놉테론

실러캔스

■ 육기어류와 양서류의 중간 단계 동물들

한 골격구조를 가진 지느러미를 가지고 있었고, 지느러미뼈에는 큰 근육이 붙어 있어 물 밖에서도 몸무게를 지탱할 수 있었을 것으로 보인다. 틱타알릭의 머리는 오늘날 악어의 머리와 비슷하게 납작한 모양이었고, 눈은 위쪽에 달려 있었다. 그리고 어류들과는 달리 머리를 몸과 독립적으로 움직일 수 있었다.

잘 발달된 턱과 날카로운 이빨을 가지고 있었던 틱타알릭은 작은 물고기를 잡아먹었던 것으로 보인다. 그러나 얕은 물에 살면서 때로는 물 밖으로 몸을 내밀어 폐로 공기 중의 산소를 들이마시거나 육지에 살고 있던 절지동물도 잡아먹었을 것이다.

틱타알릭과 마찬가지로 육기어류와 원시 양서류의 중간 단계였지만 좀 더 발달된 발과 유사한 지느러미를 가지고 있었던 동물은 아칸토스테가이다. 아칸토스테가는 여덟 개의 손가락과 같은 구조를 한 지느러미를 가지고 있었지만 손목 관절은 없었다. 아칸토스테가의 발과 같은 모양의 지느러미는 물 밖으로 몸을 내밀기보다는 물속에서 수영을 하고 수생 식물을 헤쳐 나가는 데 사용했을 것으로 보인다. 아칸토스테가의 튼튼한 다리나 폐는 육지에서 생활하기 위해 발전한 것이 아니라 물속에서 생활하기 위해 발전했고, 그 후 육지로 상륙하는 데 이용되었다는 이론의 증거로 제시되고 있다.

이크티오스테가가 육지에서 생활한 최초의 네발 동물로 인정되고 있다. 이크티오스테가는 폐와 네 개의 다리를 가지고 늪지대의 얕은 물가에서 물과 육지를 오가며 살았다. 몸의 구조와 생활하는 모습이 양서류와 비슷해 원시 양서류라고 부르지만 생물학적으로는 아직 양서류가 아니었다.

이크티오스테가의 머리는 아칸토스테가의 머리보다 더 물고기처럼 생겼지만 더 튼튼한 어깨와 골반을 가지고 있어서 육지에서 생활하기에 유리했다. 이크티오스테가는 단단한 갈비뼈와 튼튼한 척추를 가지고 있었다. 길이가 1.5~2m나 되었던 이크티오스테가는 하늘을 향한 눈이 달려 있는 납작한 모양의 머리와 이빨을 가지고 있었다. 이크티오스테가는 아칸토스테가의 다리보다 큰 일곱 개의 발가락이 달려 있는 다리를 가지고 있었고, 꼬리에는 지느러미를 가지고 있었다. 이크티오스테가는 주로 폐로 호흡을 했으며, 지느러미가 아니라 네 다리를 이용해 이동했다. 이런 것들은 이크티오스테가가 육기어류들로부터 멀어졌다는 것을 나타내는 특징들이다.

살아있는 화석이라고 불리는 실러캔스는 육지에 살지는 않았지만 육기어류에서 네발 동물로 진화하는 중간 단계를 보여주는 또 다른 육기어류이다. 턱과 폐의 역할을 하는 부레를 가지고 있던 실러캔스는 약 3억 7500만 년 전에 나타나 약 7500만 년 전에 멸종한 것으로 여겨졌다.

그러나 1938년 남아프리카공화국 근해에서 물고기를 잡던 어선이 실러캔스를 잡아 사람들을 놀라게 했다. 그 후 1952년에는 아프리카 동해안에 있는 코모로 제도에서 약 200마리가 포획되었고, 2006년에는 인도네시아 연안의 깊은 바다에서 수중촬영으로 살아있는 실러캔스의 모습이 촬영되었다.

실러캔스는 어미 몸속에서 새끼가 자라는 태생이다. 고생물학자들은 실러캔스가 심해에 적응하기 전에는 다리처럼 생긴 앞 지느러미와 폐처럼 사용할 수 있는 부레를 이용하여 육지에 올라오기도 했지만 육상 생활에 적응하지 못하고 다시 물로 돌아갔을 것이라 추정하고 있다.

발과 비슷한 지느러미를 발전시키기 시작한 후 2000만 년 동안의 시행착오를 거쳐 드디어 육지에 상륙하게 된 네발 동물은 오늘날 우리 주위에서 볼 수 있는 양서류, 파충류, 조류, 포유류로 진화했다. 석탄기 초기에는 진정한 의미의 양서류가 나타나 석탄기와 페름기에 크게 번성했다. 석탄기 후기에 나타난 파충류는 페름기의 발달과정을 거쳐 중생대에 지구를 지배했다. 파충류가 지배하던 중생대에 양서류는 수가 줄어들고 몸집이 작아졌다.

곤충 전성시대

⭐ 가장 먼저 육지에 상륙한 절지동물은 육지에서 다양한 종으로 발전했다. 석탄기에는 절지동물 중에서도 몸이 머리, 가슴, 배의 세 부분으로 되어 있고, 여섯 개의 다리를 가지고 있는 곤충들이 크게 번성했다. 여섯 개의 다리를 가지고 있기 때문에 곤충을 육각류라고 부르기도 한다. 육상 생활에 정착한 곤충들은 석탄기에 하늘을 나는 방법을 터득했다. 곤충들이 어떻게 하늘을 날게 되었는지를 정확하게 알 수는 없지만 석탄기에 높이 자란 식물들과 관련이 있을 것이다.

높게 자란 식물들 사이를 옮겨 다니기 위해 날개를 발전시킨 곤충은 마침내 하늘을 마음대로 날아다닐 수 있게 되었다. 바다에서 시작한 생명체가 육지로, 그리고 결국은 하늘에까지 진출하게 된 것이다. 석탄기에는 현재 우리가 볼 수 있는 곤충들과는 비교할 수 없을 정도로 큰 곤충들이 많이 살았다. 지구상에 존재했던 곤충들 중에서 가장 큰 곤충은 잠자리의 사촌인 메가네우라였다. 날개의 길이가 70cm나 되었던 메가네우라는 아직 새가 없었던 고생대의 하늘을 완전히 지배했다. 이들은 하늘을 날아다니면서 작은 동물들을 잡아먹

■ 메가네우라 화석

었다. 메가네우라는 오늘날의 잠자리와 마찬가지로 모든 방향을 볼 수 있는 눈을 가지고 있었다. 메가네우라가 그렇게 크게 자랄 수 있었던 것은 공기 중에 포함된 산소의 양이 증가했기 때문이었다.

석탄기에는 공기 중 산소 함류량이 30%까지 크게 높아졌다. 지구 전체를 뒤덮었던 숲이 많은 산소를 만들어냈기 때문이었다. 높은 대기 중 산소 함유량은 커다란 곤충이 나타나기 위해서 꼭 필요하다. 곤충은 숨구멍이라고 부르는 관을 통해 몸 안에 산소를 공급한다. 대기 중에 많은 양의 산소가 포함되어 있으면 작은 숨구멍으로도 충분한 산소를 몸 안에 공급할 수 있지만, 산소의 함유량이 낮으면 숨구멍의 크기가 커야 한다.

그런데 곤충의 크기가 커지면 더 많은 산소가 필요하기 때문에 더 큰 숨구멍이 필요하다. 이론적인 계산에 의하면 공기 중의 산소 양이 21%인 현재에 석탄기에 하늘을 날아다녔던 것과 같은 큰 곤충들이 있다면 그 곤충 크기의 대부분을 숨구멍이 차지하고 있어야 한다. 따라서 현재의 산소 농도에서는 커다란 곤충이 존재할 수 없다.

석탄기에는 거대한 잠자리의 사촌들 외에도 커다란 곤충들이 많았다. 오늘날의 바퀴벌레보다 10배나 큰 바퀴벌레도 있었고, 다리의 길이가 50cm나 되는 거미도 있었다. 그러나 공기 중의 산소 함유량이 급격하게 감소한 페름기 말 대멸종으로 많은 곤충이 멸종되었고, 살아남은 곤충들은 크기가 작아졌다.

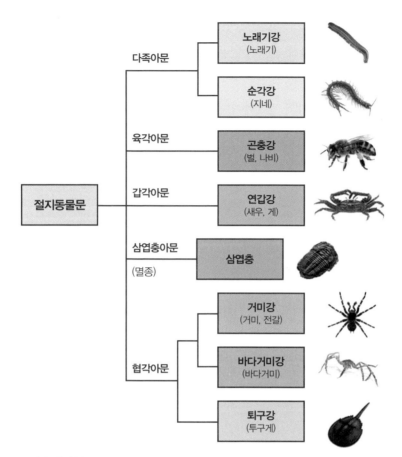

■ 절지동물의 분류

막으로 싸인 알을 발전시킨 파충류

☆ 물과 육지를 오가며 살아가는 양서류는 알을 물에 낳아 부화시킨다. 양서류의 알은 물이 드나들 수 있는 연한 껍질로 둘러싸여 있어

서 말라버릴 염려가 없고 알에서 부화한 새끼가 물에서 산소를 공급 받을 수 있다. 그러나 이런 알은 물이 부족한 환경에서는 부화할 수 없다.

페름기에 초대륙 판게아가 만들어지면서 내륙의 기후가 건조해지고 기온이 올라갔다. 따라서 양서류가 알을 낳던 연못이나 습지가 말라버리기 시작했다. 양서류는 이제 살아남기 위해 물이 없는 환경에서 살아남을 수 있는 새로운 방법을 발전시켜야 했다.

물이 없는 환경에서 살아남기 위해서는 양서류가 가지고 있던 불완전한 폐를 발전시켜 오로지 폐로만 호흡할 수 있도록 해야 했고, 물 밖에서도 안전하게 부화할 수 있는 알을 낳을 수 있어야 했다. 양서류들 중에서 물 밖에서 생활하는 시간이 긴 동물들은 차츰 피부보다는 폐호흡을 더 많이 하게 되었다. 따라서 폐가 더 튼튼해졌다. 문제는 물 밖에서도 부화할 수 있는 알이었다.

육지가 건조해지면서 일부 동물들이 물이 통과할 수 없는 단단한 껍질로 둘러싸인 알을 낳기 시작했다. 이런 알 안에는 새끼가 부화하는 데 필요한 물과 영양분이 들어 있었다. 단단한 껍질로 둘러싸인 알은 생명체가 발육할 수 있는 작은 연못과 같은 역할을 했다. 새로운 알로 인해 더 이상 새끼를 낳기 위해 물을 찾을 필요가 없게 된 동물들은 물에서 멀리 떨어져서도 살아갈 수 있게 되었다. 이렇게 해서 양막으로 둘러싸인 알을 낳는 파충류가 지구상에 등장했다. 파충류와 파충류에서 진화한 포유류와 조류를 양막류 동물이라고 부른다. 포유류는 알을 낳지 않지만 어미 안에 있을 때 양막에 둘러싸여 있다.

가장 먼저 나타난 파충류는 길이가 20cm 정도인 도마뱀처럼 생긴 힐로노무스였다. 석탄기 후기에 살았던 힐로노무스는 아직 양서류와 비슷한 신체적 특징을 많이 가지고 있었지만 파충류와 같은 턱 근육을 가지고 있었다. 힐로노무스는 작고 뾰족한 이빨로 노래기나 작은 곤충들을 잡아먹었다.

파충류가 처음 지구상에 나타나고 수백만 년이 흐른 후 페름기의 육지는 파충류가 지배했다. 이 시기의 최상위 포식자는 디메트로돈이었다. 길이가 3m 이상 자랐던 디메트로돈은 네 다리로 걸었으며 긴 꼬리를 가지고 있었다. 디메트로돈은 등에 독특한 모양의 돛처럼 생긴 날개를 가지고 있었던 것으로 유명하다. 일부 과학자들은 이 날개가 이른 아침 햇빛에 몸이나 혈액을 데우는 데 사용되었을 것이라고 생각하고 있다. 따뜻한 날에는 열을 방출해 디메트로돈의 체온을 식히는 역할도 했을 것이다.

디메트로돈은 파충류 중에서도 단궁류라고 부르는 파충류에 속한다. 파충류는 두개골의 구조를 바탕으로 단궁류와 이궁류로 나눌 수 있다. 이 중에서 단궁류가 후에 포유류로 진화했다. 디메트로돈과 같은 단궁류는 아직 새끼를 낳아 젖을 먹여 기르

어허! 난 파충류 중 길이가 3미터나 되는 가장 센 파충류야!

디메트로돈

난 지구상에 나타난 최초의 파충류요!

힐로노무스

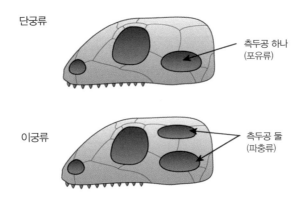

단궁류

측두공 하나
(포유류)

이궁류

측두공 둘
(파충류)

■ 파충류는 두개골에 있는 측두공의 수에 따라 단궁류와 이궁류로 나눈다.

지 않았기 때문에 포유류라고 할 수는 없었지만 포유류와 비슷한 신체적 특징을 많이 가지고 있었다. 따라서 단궁류를 포유류형 파충류라고 부르기도 한다. 포유류형 파충류는 페름기에 약 6000만 년 동안 육지를 지배했다.

페름기에 가장 성공적인 동물이었던 포유류형 파충류는 페름기말 생명 대멸종 때 대부분 멸종되었지만 일부가 살아남아 중생대에 포유류로 진화했다. 그러나 페름기에는 그다지 성공적이지 못했던 공룡을 비롯한 이궁류에 속하는 파충류들은 페름기 말 대멸종 후 크게 번성하여 중생대를 지배했다. 중생대에 공룡이 포유류형 파충류보다 성공을 거둔 것은 무엇 때문이었을까?

지구도
하나의 생명체로
볼 수 있을까?

1979년 영국 출신으로 미국 NASA의 연구원으로 일하고 있던 제임스 러브록이 『가이아: 지구 생명에 대한 새로운 시각』이라는 책을 통해 가이아 가설을 제안했다. 가이아 가설은 대기권, 수권, 지권, 그리고 생물권이 유기적으로 연결되어 대사 작용과 조절 작용을 하고 있는 지구를 하나의 생명체로 보아야 한다는 이론이다. 가이아(Gaia)는 고대 그리스 신화에 등장하는 대지의 여신을 가리키는 말이다.

지구의 물리 화학적 환경과 생태계가 밀접하게 연관되어 있다는 생각은 이미 18세기부터 있었다. 영국의 지질학자 제임스 허튼과 자연학자로 여러 차례에 걸쳐 신대륙을 탐험했던 알렉산더 폰 훔볼트도 생명체, 기후, 지각이 서로 밀접한 관계를 가지고 서로 영향을 주면서 진화해 왔다고 주장했다. 대기 중에 포함되어 있는 산소 기체가 생명체에 의해 만들어졌다는 것을 알게 된 과학자들은 지구 물리학적 환경이 일방적으로 생명체들에게 영향을 주는 것이 아니라 생명체들이 환경을 바꾸어 가면서 진화해 왔다는 생각을 하게 되었다. 이런 생각들이 지구를 살아있는 하나의 생명체로 보아야 한다는 가이아 가설의 바탕이 되었다.

■ 우주에서 본 지구의 모습(출처: NASA)

1900년대에 활발하게 진행되었던 우주 탐사 프로그램들도 가이아 가설 탄생에 한몫했다. 우주선의 개발로 지구 밖에 나가 바라본 지구 전체의 모습이 지구를 하나의 생명체로 보게 하는 데 도움을 주었다. NASA의 제트추진연구소에서 일하고 있던 러브록이 가이아 가설을 발전시킨 것은 우연한 일이 아니었다.

러브록은 1972년과 1974년에 발표된 논문과 1979년에 출판한 책을 통해 가이아 가설을 제안하고 설명했다. 1971년에 미국의 미생물학자인 린 마굴리스도 가이아 가설의 과학적 기반을 마련하는 일에 기여했다. 미생물이 대기와 지표면에 주는 영향에 대해 연구했던 마굴리스는 가이아를 지구 생태계 안에서 이루어지고 있는 일련의 상호작용이라고 보았다. 지구가 공생 관계에 있는 하나의 공동체라는 것이다. 그러나 그녀는 지구를 하나의 생명체로 보지는 않았다.

1985년에 '지구는 생명체인가?'라는 제목으로 미국 매사추세츠대학에서 첫 번째 가이아 심포지엄이 개최되었고, 1988년에는 샌디에이고에서 가이아 가설에 대한 첫 번째 학술회의가 열렸다. 이런 회의에서 일부 학자들은 지구를 하나의 생명체로 보는 가이아 가설이 지구를 보는 새로운 시각을 제공한 중요한 이론이라고 평가했지만, 일부 학자들은 과학적 근거가 부족한 확실하지 않은 이론이라고 비판했다.

가이아 가설을 반대한 사람들은 지구 환경과 생명체가 서로 상호작용한다는 것은 이미 잘 알려진 사실이어서 가이아 가설이 새로울 것이 없는 이론이라고 주장했다. 미국의 고생물학자이며 진화론자인 스티븐 제이 굴드는 가이아 가설이 하나의 비유에 지나지 않으며, 지구가 조절 작용을 통해 어떻게 환경을 일정하게 유지하는지가 충분히 밝혀지지 못했다고 비판했다.

러브록은 지구 대기 중 산소의 함량이 일정하게 유지되는 것을 가이아 가설의 중요한 증거로 들었다. 대기 중 산소 함량이 오랫동안 생명체가 살아가기에 적당하도록 유지된 것은 지구가 생명체와 환경을 통해 산소의 양을 조절하고 있기 때문이라는 것이다. 그러나 가이아 가설의 비판자들은 실제로는 대기 중 산소 농도에도 많은 변화가 있었고, 이런 변화가 생명체에게 유리한 방향으로 일어나지도 않았다고 지적했다.

지구를 하나의 생명체로 보는 가이아 가설은 한때 많은 사람들의 주목을 받았지만 현재는 관심이 크게 줄어들었다. 그러나 지구를 하나의 생명체로 보는 시각은 생명체와 지구 그리고 우주에 대해 다시 생각해 보게 만드는 재미난 발상이다.

8장

생명 대멸종 사건

석유회사
직원이 발견한
칙술루브
충돌구

1978년 멕시코 국영 석유회사인 페멕스의 지구물리학 연구원이었던 글렌 펜필드와 안토니오 카마고가 석유 시추에 적당한 장소를 찾아내기 위해 유카탄반도 북부에 있는 멕시코만 연안의 해저 지질 조사를 하고 있었다. 그들은 해저에서 폭이 70km에 달하는 거대한 원형 지형을 발견했다. 그리고 1960년대에 같은 회사의 다른 연구자들이 작성한 이 지역의 자세한 중력 지도를 입수했다. 지각을 구성하고 있는 물질의 밀도에 따라 지구 중력의 값이 조금씩 달라지기 때문에 자세한 중력 지도는 지하의 지질 구조를 확인하는 데 사용할 수 있다.

펜필드의 지질 조사보다 10여 년 전에 작성된 이 지도에도 대규모 충돌에 의해 만들어진 것으로 보이는 지형이 나타나 있었다. 그러나 페멕스 회사가 그런 사실을 비밀로 유지할 것을 요구해 외부에는 공개되지 않았다. 이 지역에서 석유를 찾아내려는 회사에게는 이 지역의 지질 정보가 귀중한 자산이었기 때문이다.

펜필드는 그가 발견한 원형 지형과 연결되어 있는 육지 쪽에서도 원형 지형을 발견했다. 육지와 바다에서 발견된 지형을 대조한 그는 두 지형이 칙술루브 마을을 중심으로 지름 180km의 원을 이룬다는 것을 알아냈다. 그는 이 지형이 거대한 운석 충돌로 만들어진 충돌 크레이터라고 확신했다. 펜필드와 카마코는 페멕스 회사의 허락을 받고 1981년에 개최되었던 지구물리학회 학술회의에서 그들이 발견한 것을 발표했다.

그러나 그들의 발표는 사람들의 관심을 끌지 못했다. 그들은 많은 자료를 제시했지만 운석 충돌이 있었다는 것을 증명할 결정적인 증거를 제시하지 못했기 때문이다. 따라서 사람들은 그들의 발표를 무시했다. 펜필드는 운석 충돌이 있었다는 것을 증명하기 위해서 충돌 시에 만들어진 암석이나 결정을 찾기 시작했다.

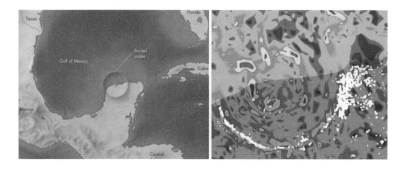

■ 멕시코만 유카탄반도의 칙술루브 충돌구 위치(좌측 지도에 원으로 표시)를 나타내는 지도와 중력 탐사를 통해 나타난 칙술루브 충돌구의 모습(우)

그는 페멕스 회사가 이전에 이 지역에서 지하 1.3km까지 시추공을 박고 암석 시료를 채취하여 분석했다는 것을 알고 있었다. 그는 그 자료에서 충돌의 증거를 찾아내려고 했지만 자료가 모두 폐기되었다는 이야기를 듣고 포기했다. 더 이상 아무 것도 할 수 없게 된 그는 칙술루브의 원형 지형이 거대한 운석 충돌로 이루어진 크레이터라는 것을 증명하지 못한 채 다른 업무로 복귀했다.

펜필드가 이 지역에 대한 지질 자료와 씨름하고 있던 시기에 또 다른 사람들이 거대한 충돌 크레이터에 관심을 가지고 있었다. 1981년에 펜필드의 발표 내용을 알지 못하고 있던 미국 애리조나대학의 알란 힐데브란드가 과거에 거대한 운석 충돌이 있었다는 것을 증명하기 위해 지구상에 남아 있는 거대한 충돌 크레이터를 찾고 있었다.

그는 중생대에서 신생대로 바뀌는 시기에 만들어진 지층에서 지구상에는 아주 소량만 존재하지만 운석에는 많이 포함되어 있는 이리듐이 다량 포함되어 있다는 것과, 강한 압력하에서 만들어지는 수정 알갱이와 높은 열에 의해 만들어진 검은색 유리 알갱이인 텍타이트가 포함되어 있는 것을 알아냈다. 그는 이 지층을 통하여 이 시기에 지구에 거대한 운석 충돌이 있었을 것이라고 생각했다. 따라서 그는 이 시기에 지구에 충돌한 운석이 만든 크레이터를 찾으려고 많은 자료를 조사했지만 찾지 못하고 있었다.

1990년에 신문기자 한 사람이 힐데브란드에게 펜필드가 발견한 원형 지형이 그가 찾고 있는 거대한 운석 충돌로 만들어진 크레이터일지 모른다는 이야기를 해 주었다. 그 이야기를 들은 힐데브란드는 펜필드에게 연락했고, 그들은 폐기된 것으로 알았던 페멕스 회사가 보관하고 있던 시추공에서 채취한 시료를 입수했다. 이 시료들에는 이곳에 거대한 충돌이 있었다는 것을 증명하는 수정과 텍타이트가 포함되어 있었다.

1996년에는 NASA가 발사한 인공위성이 이 지역 지형을 조사하고 펜필드가 찾아냈던 충돌 크레이터를 다시 확인했다. 이로서 공룡이 멸망했던 중생대가 끝나고 신생대가 시작되던 시기에 거대한 운석이 유카탄반도의 칙술루브 지역에 떨어졌다는 것이 확실해졌다.

칙술루브 충돌구의 발견은 백악기 말에 있었던 공룡의 멸종 사건을 완전히 다른 방법으로 설명하도록 했고, 지구와 우주의 관계를 다시 생각해 보도록 했다. 그렇다면 칙술루브 충돌구가 발견되기 이전에는 공룡의 멸종을 어떻게 설명했을까? 공룡 멸종 이전에 있었던 생명 대멸종 사건도 운석의 충돌과 관련이 있는 것은 아닐까?

지구 역사에는 생명 대멸종 사건이 여러 번 있었다

☆ 캄브리아기 초기에 생명체의 종류가 폭발적으로 증가했던 것과는 반대로 지구 역사에는 짧은 기간 동안에 생명체의 수가 급격하게 줄어드는 생명 대멸종 사건이 여러 번 있었다. 생명체의 종류가 급격하게 줄어든 이유는 새로운 종이 형성되는 것보다 더 빠른 속도로 종이 사라졌기 때문이다.

지구상에 존재하는 생명체들 중에서 종의 수가 가장 많은 것은 미생물이다. 그러나 미생물의 증가와 감소는 확인하기 어렵기 때문에 지질학상의 멸종 사건은 화석을 통해 확인이 가능한 생명체의 종의 수 변화를 바탕으로 진행 상황이나 정도를 추정하고 있다.

캄브리아기 이전에도 생명체의 대량 멸종이 있었을 것이다. 특히 광합성을 하는 생명체들이 만들어낸 산소로 인해 혐기성 미생물이 대량으로 사라진 사건은 지구 역사상 있었던 가장 규모가 큰 생명 대멸종 사건이었을 것이다. 그러나 이 당시에 있었던 일들을 알려주는 화석이 거의 존재하지 않아 자세한 내용을 알 수는 없다.

지구에 다양한 생명체가 나타나 많은 화석을 남긴 캄브리아기 이후 약 5억 4200만 년 동안 지구상에는 20번이 넘는 대규모 멸종 사건이 있었다. 대멸종 사건의 수를 몇 번으로 보느냐 하는 것은 어느 정도의 생명체 감소를 대멸종으로 보느냐에 따라 달라진다. 특정한 멸종 사건에서 얼마나 많은 생명체가 멸종했느냐 하는 것을 나타내는 멸종률 역시 과학자들에 따라 분석한 결과가 크게 다르다. 멸종률

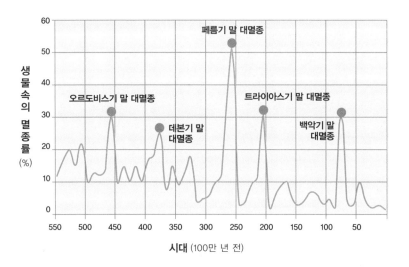

■ 생물속의 변화와 5대 생명 대멸종 사건

은 멸종된 속의 비율을 보느냐 아니면 멸종된 과나 종의 비율을 보느냐에 따라서도 달라진다.

지구 역사상 있었던 여러 번의 대멸종 사건 중에서 특히 많은 생명체의 수가 급격하게 감소했던 다섯 번의 멸종 사건을 5대 생명 대멸종 사건이라고 부른다. 5대 생명 대멸종 사건 중에서 가장 먼저 일어났던 것은 고생대 오르도비스기에서 실루리아기로 넘어가던 시기에 있었던 것으로 이는 5대 멸종 중에서 두 번째로 큰 멸종 사건이었다.

두 번째로 있었던 생명 대멸종 사건은 데본기 말에 있었고, 세 번째 대멸종 사건은 페름기에서 트라이아스기로 바뀌는 시기에 있었던 대량 멸종 사건으로 지구 역사상 가장 큰 멸종 사건이었다.

네 번째 생명 대멸종은 트라이아스기에서 쥐라기로 바뀌는 시기에 있었으며, 가장 최근에 있었던 다섯 번째 대멸종 사건은 백악기 말인 6500만 년 전에 있었던 것으로 백악기 말 대멸종이라고 부른다. 백악기 말 대멸종 사건으로 중생대 동안 지구를 지배하던 공룡이 새만 남기고 모두 멸종했다.

생명 대멸종은 왜 일어났을까?

☆ 우리는 과거에 지구에 있었던 생명 대멸종 사건에 특히 관심이 많다. 생명 멸종 사건은 과거에 있었던 지난 일이 아니라 앞으로도 일어날 수 있는 일이기 때문이다. 따라서 과학자들은 과거 지구상에 있었던 생명 멸종 사건의 원인과 멸종 사건이 가지고 있는 일정한 패턴을 찾아내려고 노력하고 있다.

일부 과학자들은 대량 멸종 사건이 2600만 년에서 3000만 년마다 주기적으로 일어나며, 종의 다양성이 6200만 년을 주기로 변동한다고 주장하기도 했다. 대멸종 사건이 주기적으로 일어난다고 주장하는 과학자들은 바다에 살다가 멸종된 무척추동물의 목록을 만들고 이를 토대로 지구에 나타났던 해양 무척추동물들이 주기적으로 번성과 멸종을 반복했다고 주장하고 있다. 그러나 생명체 대량 멸종의 원인이 되는 지질학적 사건이 주기적으로 발생한다는 증거가 없기 때문에 그들의 주장은 설득력이 없다.

또 다른 과학자들은 고생대 말부터 멸종 사건이 2600만 년을 주기로 반복되었다고 주장하고, 그 원인은 지구 자기의 반전 때문이라고 했다. 나침반의 N극이 북쪽을 가리키고 S극이 남쪽을 가리키는 것은 지구가 북극 부근이 S극이고 남극 부근이 N극인 커다란 자석이기 때문이다. 과학자들은 지구 자석의 극이 과거에 여러 번 바뀌었다는 것을 알아냈다. 이러한 지구 자석의 극 반전이 생명체 대량 멸종을 초래했다는 것이다. 그러나 지구 자기의 반전이 어떻게 생명체 대량 멸종을 일으켰는지에 대해서는 설명하지 못하고 있다. 지구 자기의 반전이 단순히 나침반을 새로 사야 하는 정도의 간단한 사건인지 아니면 지구 생명체에게 큰 충격을 주는 커다란 사건인지에 대해서는 아직 어떤 결론도 내리지 못하고 있다.

외계 천체의 충돌이 대량 멸종의 원인이라고 주장하는 학자들은 태양계와 은하의 운동에서 대멸종의 주기성을 찾으려고 시도하고 있다. 이들은 아직 발견하지 못한 행성에서 그 원인을 찾으려고 시도하는가 하면 은하 안에서 태양계의 운동에 그 원인이 있을지도 모른다고 생각하고 있다.

태양계는 우리은하의 중심에서 약 3만 광년 떨어진 곳에서 은하의 중심을 초속 220km의 속력으로 돌고 있다. 따라서 태양계의 공전주기는 약 2억 3000만 년이다. 태양계는 또한 약 6300만 년에서 6700만 년을 주기로 은하 면의 아래위로 진동하고 있다. 이런 태양계의 운동이 지구에 충돌하는 혜성이나 운석의 수를 주기적으로 증가시켰을 수 있다고 주장하는 과학자들도 있다.

그러나 많은 과학자들은 생명체의 대량 멸종이 주기적으로 일어
났다는 주장에 반대하고 있다. 그들은 지구상에 있었던 생명체의 대
량 멸종 사건들은 다른 원인에 의해 일어난 개별적인 사건들이어서
이 사건들을 하나로 묶어 서로 연관이 있는 주기적인 사건이라고 보
는 것은 잘못이라고 주장하고 있다.

지구상에 있었던 여러 번의 대멸종 사건의 원인에 대해서도 여러
가지 다른 이론이 대립하고 있다. 지구 생명체 대량 멸종의 원인으
로 가장 자주 거론되는 것은 화산 폭발이다. 화산 폭발은 대기 중으
로 많은 먼지를 방출해 태양빛을 차단하여 광합성을 방해하고 육지
와 해양의 먹이사슬을 파괴할 수 있다. 그리고 화산 폭발 시에 대기

중으로 방출된 이산화탄소로 인해 지구 온난화가 야기되어 생명체가 대량 멸종할 수 있다.

다음으로 자주 거론되는 것이 해수면의 변화이다. 해수면의 하강은 바다에서 가장 생산적인 지역인 대륙붕을 감소시켜 대멸종의 원인이 될 수 있고, 기후 패턴을 변화시켜 육지 생명체의 멸종을 야기할 수 있다는 것이다. 해수면 하강은 지구상에 있었던 거의 모든 대멸종과 어느 정도 관련이 있다.

거대한 운석의 충돌 역시 생명체 대량 멸종의 원인으로 지목되고 있다. 거대한 운석의 충돌은 대량의 먼지를 발생시켜 광합성을 방해하고, 대규모의 쓰나미를 발생시키거나 전 지구적인 화재를 유발할 수 있다. 과학자들은 6500만 년 전에 있었던 백악기 말 대멸종이 운석의 충돌과 관련되어 있다는 데 이견이 없지만 그것이 유일한 이유였는지에 대해서는 논란이 계속되고 있다.

이 외에도 지구 냉각화와 지구 온난화, 바닷물에 포함된 산소량의 변화, 해양에서 방출되는 황화수소, 태양계 가까이에서 일어난 초신성 폭발이나 감마선 폭발, 판구조론에 따른 대륙의 이동, 질병, 생물종들 사이의 과도한 생존 경쟁 등이 지구 생명체 대량 멸종의 원인으로 꼽히고 있다.

오르도비스기 말 생명 대멸종

☆ 오르도비스기에서 실루리아기로 넘어가는 시기에 있었던 대규모 생명 멸종 사건을 오르도비스기 말 생명 대멸종이라고 부른다. 오르도비스기 말과 실루리아기 초의 화석 기록들은 오르도비스기 말 대멸종으로 많은 생명체들이 짧은 기간 동안에 멸종했다는 것을 보여주고 있다.

오르도비스기 말 대멸종의 원인에 대해서는 여러 가지 이론이 제시되었지만 오르도비스기 말에 있었던 빙하기로 인한 생태계의 변화가 대멸종의 원인이라는 설명이 가장 일반적으로 받아들여지고 있다. 오르도비스기 말의 빙하기는 대기 중의 이산화탄소 양이 줄어들면서 시작된 것으로 보인다. 과학자들은 대기 중 이산화탄소의 양이 줄어든 것은 화산 활동으로 방출된 규산염 암석이 공기 중에 포함되었던 이산화탄소와 결합한 후 지상에 축적되었기 때문이라고 설명하고 있다.

그러나 미국의 물리학자로 외계의 감마선 폭발을 연구해온 에이드리언 멜롯을 비롯한 일부 과학자들은 2004년 오르도비스기 말 대멸종의 원인이 지구가 아닌 우주에 있다는 이론을 제안했다. 이들은 오르도비스기 말 대멸종은 지구로부터 1만 광년 정도 떨어져 있는 초신성 폭발로 발생한 강력한 감마선의 영향으로 지구 대기의 오존층이 파괴되어 자외선이 생명체에 직접 영향을 미쳤기 때문이라고 주장했다.

그들은 초신성 폭발 시에 방출된 감마선이 지구 성층권의 기체 분자를 분해하여 이산화질소와 다른 화학 물질을 생성하였고, 이런 물질들이 오존층을 파괴했다고 주장했다. 이로 인해 지구 표면에 도달한 자외선이 평소보다 50배로 높아져 생명체를 파괴할 수 있는 수준에 이르렀다는 것이다. 그들은 또한 45억 년의 지구 역사 속에서 수차례 우주로부터 감마선의 공격을 받았다고 주장하고 이러한 감마선 공격은 지금도 언제든지 일어날 수 있다고 했다.

지구에 있었던 생명 대멸종의 원인을 지구는 물론 태양계도 아닌 우주에서 찾는 것은 흥미로운 발상 같기도 하고 엉뚱한 발상 같아 보이기도 한다. 그러나 이러한 설명은 우리가 우주의 일부라는 것을 실감하게 해준다. 우리는 지구인인 동시에 우주인이다.

페름기 말 생명 대멸종

✧ 페름기 말에 있었던 생명 대멸종 사건은 지구 역사상 최대의 멸종 사건이었다. 학자들에 따라서는 페름기 말 대멸종으로 지구 생물종의 95%가 멸종했다고 주장하기도 한다. 페름기 말 대멸종이 지속된 기간은 20만 년 미만이며, 생명체 멸종이 절정에 달했던 기간은 약 2만 년 정도였다는 연구 결과가 발표되기도 했다.

과학자들은 페름기 말 생명 대멸종의 원인을 찾아내기 위해 이 시기 전후 지구의 상태를 면밀히 조사했다. 이 시기에 일어났던 가장 먼저 눈에 띄는 변화는 대기 중의 이산화탄소와 메테인 농도가 크게 증가한 후 산소 농도가 급격하게 하락한 것이었다. 일부 과학자들의 연구에 따르면 페름기 말에는 대기 중에 포함된 이산화탄소의 양이 전체 대기의 3% 내지 10%나 되었다. 이는 현재의 0.039%에 비해 매우 높은 수치이다.

석탄기와 페름기에는 대기 중에 산소가 많아 거대한 곤충이 나타날 수 있었다. 석탄기와 페름기에 산화된 철을 많이 포함하고 있어 붉은색 지층이 형성된 것은 산소를 많이 포함하고 있던 대기 상태를 잘 나타낸다. 그러나 생명 대멸종이 일어났던 페름기 말에는 갑자기 산소가 없는 환경에서 만들어지는 검은색 지층이 나타난다. 이것은 어떤 원인으로 대기 중 산소의 양이 갑자기 줄어들었다는 것을 의미한다.

과학자들은 대기 중 이산화탄소와 메테인 기체의 농도가 높아지고 산소의 농도가 낮아진 이유를 찾기 시작했다. 페름기 말 대멸종을 야기한 이런 환경 변화의 원인을 설명하는 여러 이론 중에서 가장 널리 받아들여지는 설명은 대규모의 화산 분출이 일어나 이산화탄소가 대규모로 대기 중에 방출되었고, 이로 인해 지구의 온도가 올라가자 바다 밑에 퇴적되었던 메테인이 대기 중으로 방출되어 산소 농도가 줄어들었다는 것이다.

페름기 말에는 대륙들이 하나로 합쳐 초대륙 판게아를 형성했다. 따라서 이 시기에는 지각 판들이 충돌하면서 전 지구적으로 활발한 화산 활동이 일어났다. 이 당시에 화산 활동은 오늘날 우리가 경험하는 화산 활동과는 비교할 수 없을 정도로 큰 규모였다. 시베리아 트랩이라고 부르는 거대한 용암대지를 만든 화산 분출은 지구 역사상 최대 규모의 화산 분출이었다. 100만 년 동안 지속된 화산 활동으로 시베리아에는 유럽 면적과 비슷한 면적에 높이가 1000m나 되는 용암대지가 형성되었다.

화산이 내뿜는 이산화탄소로 공기 중의 이산화탄소의 양이 많아지자 대기의 온도가 상승했다. 당시 바다에는 고생대 말에 우거졌던 숲이 만들어낸 많은 양의 메테인이 쌓여 있었다. 그런데 화산 활동으로 바닷물의 온도가 올라가자 바다 밑에 쌓여 있던 메테인 기체가 기화되어 공기 중으로 방출되었다.

메테인 기체는 이산화탄소보다 50배나 높은 효율을 가진 온실기체이다. 따라서 대기 중에 메테인 기체가 증가하자 강과 호수가 말라버릴 정도로 온도가 올라갔다. 이 시기에 만들어진 화석에는 높은 온도와 물 부족의 증거가 많이 포함되어 있다. 많은 생명체들이 높은 온도와 물 부족을 견디지 못하고 사라져 갔을 것이다.

공기 중으로 방출된 메테인 기체는 공기 중의 산소와 결합하여 산소의 농도를 급격하게 떨어뜨렸다. 과학자들의 조사 결과에 의하면 페름기 말 생명 대멸종 이전에는 대기 중 산소 농도가 30%나 되었다. 이것은 지구 역사상 가장 높은 산소 농도였다. 석탄기 이후 형성된 우거진 숲으로 인해 이렇게 높은 산소 농도가 가능했을 것이다.

그러나 페름기 말 생명 대멸종 사건 이후에는 대기 중 산소 농도가 10%로 떨어졌고, 이런 낮은 산소 농도 상태는 약 1억 년 동안이

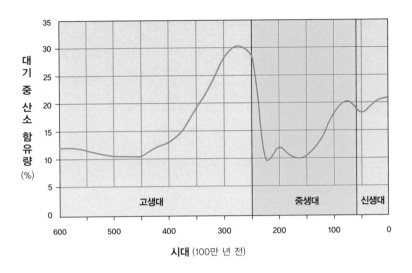

대
기
중
산
소
함
유
량
(%)

시대 (100만 년 전)

고생대   중생대   신생대

■ 현생누대의 대기 중 산소 함유량의 변화

나 계속되었다. 대멸종으로 숲이 사라졌기 때문에 산소 농도가 쉽게 올라갈 수 없었기 때문이다. 이것은 30%의 산소 농도에 익숙해 있던 생명체들에게 치명적인 환경이었다. 이런 낮은 산소 농도는 살아남은 생명체들에게 새로운 환경 적응을 위해 다시 한 번 변화할 것을 요구했다. 이 새로운 환경에 가장 성공적으로 적응한 동물이 공룡이었다.

페름기 말 대멸종을 설명하는 또 다른 이론은 운석 충돌설이다. 2006년에 발표된 자료에 의하면 남극 대륙에서 발견된 지름 480km나 되는 윌크스랜드 크레이터가 이 시기에 만들어졌다. 대멸종 시기마다 등장하는 운석 충돌 이론은 지구상에 일어났던 급격한 변화를 설명하는 데 가장 적합한 이론이다. 그러나 운석 충돌의 시기가 페름기 멸종 시기와 일치하지 않는다고 주장하는 학자들도 있다. 대규모 운석 충돌 시에 형성된 지층에서 이리듐이 발견되는 것과는 달리 이 시기에 형성된 지층에서는 이리듐이 발견되지 않는 것도 운석 충돌설에 의문을 가지게 한다.

또 다른 이론 중에는 유독기체가 대멸종의 원인이라고 설명하는 것도 있다. 이 시기 지층에서는 산소가 없고 빛이 있는 환경에서 황화수소 기체를 산화시켜 황으로 전환시킬 때 나오는 에너지를 이용하여 살아가는 녹색 유황균의 화석이 대량으로 발견되었다. 이것은 당시 바다에 많은 양의 황화수소가 포함되어 있었다는 것을 나타낸다.

유독기체설을 설명하는 학자들은 산소가 부족하게 되자 혐기성 세균이 엄청나게 증식하여 많은 양의 황화수소를 만들어냈다고 주장하고 있다. 독성이 강한 황화수소가 바다에 많이 포함되자 식물이 사라지고, 따라서 식물을 먹고 사는 동물도 사라지게 되었다는 것이다. 그뿐만 아니라 황화수소가 오존층을 파괴하여 자외선이 지표면까지 도달하여 생명체 멸종을 가속시켰다는 것이다.

초대륙 판게아의 형성으로 내륙에 거대한 사막이 형성되어 해안이 줄어들고 내해가 말라붙어 해양 생명체가 서식하던 대륙붕이 급격히 감소한 것이 대멸종의 원인이라는 주장도 있다. 그런가 하면 하나의 원인 때문이 아니라 여러 가지 원인이 복합적으로 작용하여 대멸종이 일어났다고 주장하는 사람들도 있다.

페름기 말에 있었던 생명 대멸종의 원인에 대해서는 아직 규명해야 할 부분이 많이 남아 있지만, 이 시기에 어떤 생명체가 사라졌는지는 화석 기록을 통해 잘 알 수 있다. 페름기 말 대멸종으로 캄브리아기 이후 점차 세력이 약해지던 삼엽충은 완전히 사라졌다. 삼엽충이 사라진 것은 삼엽충으로 대표되던 고생대가 끝나고 중생대가 시작되었다는 것을 나타낸다. 페름기 말 대멸종 시기에는 바다전갈을 비롯한 대부분의 해양 생물종이 사라지거나 쇠퇴했다.

육지에서도 식물, 양서류, 파충류를 비롯한 대부분의 종이 사라졌으며, 많은 종의 곤충도 멸종되었다. 여러 번의 대멸종 사건들에서 곤충들이 대량 멸종한 것은 페름기 말 대멸종이 유일하다.

공룡이 사라진 백악기 말 생명 대멸종

☆ 지구상에 있었던 대멸종 사건 중에서 가장 최근에 있었던 대멸종 사건은 중생대가 끝나고 신생대가 시작되던 시기에 일어난 대멸종 사건이다. 백악기 말에 있었던 생명 대멸종 사건은 중생대의 마지막 기인 백악기를 가리키는 독일어 Kreidezeit와 신생대의 첫 기를 가리키는 Tertiary라는 말의 머리글자를 따서 K-T 생명 대멸종이라고도 부른다. 백악기 말 대멸종은 중생대와 신생대를 갈라놓은 분수령이 되었다.

백악기 말에 있었던 대량 멸종을 나타내는 K-T 경계 지층은 세계 곳곳에서 발견되고 있다. 이 지층의 아래와 위에 있는 지층에는 뚜렷하게 다른 생명체의 화석이 포함되어 있다. 예를 들어 하늘을 날지 못하는 공룡의 화석은 K-T 경계 아래층에서는 발견되지만 위에 있는 지층에서는 전혀 발견되지 않는다. 이는 하늘을 날지 못하는 공룡, 즉 새를 제외한 공룡이 이 경계가 만들어지는 동안 멸종했다는 것을 나타낸다.

칙술루브 충돌구가 발견되기 전까지는 백악기 말 생명 대멸종이 화산 활동에 의한 것이라는 주장이 널리 받아들여지고 있었다. 화산 활동을 대멸종의 원인으로 지적하는 학자들은 인도의 데칸고원을 형성한 화산 활동과 이에 따른 장기적인 기후 변화가 대멸종을 야기했다고 주장했다. 칙술루브 충돌구가 발견된 후에도 그들은 화산 활동에 의해서 지구 내부의 이리듐이 분출될 수도 있으므로 이 시기의 지층에서 이리듐이 많이 발견되는 것이 운석의 충돌이 있었다는 증거라고 할 수 없다고 주장하기도 했다. 일부 과학자들의 이의제기에도 불구하고 대부분의 과학자들은 칙술루브에 충돌한 운석이 백악기 말 생명 대멸종을 야기했다고 믿고 있다.

운석 충돌이 대멸종의 원인이라고 믿는 가장 강력한 근거는 백악기 말 경계 지층에서 발견되는 다량의 이리듐이다. 이리듐은 지구 표면보다는 지구 내부나 지구처럼 분화를 거치지 않은 소행성이나 운석에 다량 포함되어 있으므로 백악기 말 경계 지층에 많은 양의 이리듐이 포함되어 있는 것은 이 시기에 커다란 소행성의 충돌이 있었다는 강력한 증거라는 것이다. 이리듐 층의 두께가 유카탄반도에 가까워질수록 두꺼워지는 것도 소행성 충돌설을 지지하고 있다. 2010년 3월에 100여 명의 지질학자들이 백악기 말 대멸종이 유카탄반도의 소행성 충돌에 의한 것임을 지지한다는 성명을 발표하기도 했다.

그러나 칙술루브 충돌구나 이곳에 충돌한 운석의 크기에 대해서는 여러 가지 의견이 엇갈리고 있다. 지금까지 조사된 칙술루브 충돌구의 지름은 약 180km이지만 이것은 내부 구조의 지름일 뿐이어서 실제 충돌구의 지름은 300km에 이를 것이라고 주장하는 사람들도 있다. 이곳에 충돌한 운석의 지름도 작게는 11km에서부터 크게는 81km까지 다양한 값이 제시되고 있다.

그렇다면 운석이 충돌한 후 지구에는 어떤 일들이 벌어졌을까? 거대한 운석이 충돌한 직후 엄청난 세기의 충격파가 지구를 뒤흔들었고 거대한 쓰나미가 발생했을 것이다. 깊이가 20km나 되는 충돌구를 만들었던 이 운석 충돌의 위력은 제2차 세계대전을 종식시킨 히로시마 원자폭탄의 200억 배 이상이었을 것으로 추정하고 있다. 이러한 엄청난 충격파는 대규모 지진과 화산폭발을 야기했을 것이다.

그리고 깊은 바다에서는 높이가 4.6km나 되고 얕은 바다에서도 높이가 100m가 넘는 쓰나미가 발생해 해안가 저지대를 초토화시켰을 것이다. 칙술루브 충돌구에서 가까운 아메리카의 해안에서 많은 육지 동식물이 아주 짧은 시간 동안에 죽어간 흔적들이 많이 발견되는 것은 운석 충돌로 발생한 쓰나미의 위력을 잘 보여주고 있다.

운석의 충돌 시에 하늘로 날아 올라갔던 잔해들이 다시 공기 중으로 진입하면서 유성처럼 타버리면서 발생한 열과, 지구 곳곳에서 발생한 화재로 인한 열에 의해 운석 충돌 직후에는 지구 대기의 온도가 크게 올라가 동물들의 숨통을 조였을 것이다. 그리고 화산에서 분출된 아황산가스가 빗물에 녹아 산성비가 되어 내리면서 많은 식물과 동물들이 피해를 입었을 것이다.

그러나 운석 충돌 시에 하늘로 날아올라간 먼지와 화산에서 분출된 아황산가스가 지구 전체를 둘러싸고 태양빛을 차단하기 시작하자 충돌 직후에 크게 올라갔던 대기의 온도가 급격하게 내려갔을 것이다. 지구를 둘러싼 먼지가 모두 사라지기까지는 수십 년이 걸렸을 것으로 보인다. 햇빛이 차단되자 식물이 광합성 작용을 할 수 없게 되고, 따라서 지구 생태계의 먹이사슬이 붕괴되어 버렸을 것이다. 먹이사슬의 붕괴로 덩치가 큰 공룡들을 비롯한 많은 동물들이 사라져 갔을 것이다.

칙술루브에 충돌한 거대한 운석이 백악기 말 생명 대멸종의 원인이라는 것은 이제 널리 받아들여지는 사실이 되었지만 세세한 부분에서는 아직도 의견을 달리 하는 사람들이 많다. 일부 과학자들은 칙술루브 충돌구에 충돌한 운석이 아니라 이보다 더 큰 운석의 충돌이 대멸종을 야기했을 것이라고 주장하고 있다. 이런 주장을 하는 학자들은 칙술루브 충돌과 백악기 말 경계면 사이에는 적어도 30만 년의 차이가 나기 때문에 이 충돌이 대멸종의 직접적인 원인이 될 수는 없다고 주장하고 있다.

200km가 넘는 크레이터를 형성한 운석의 충돌이 백악기 말 대멸종을 야기했다고 주장하는 사람들은 칙술루브 충돌구도 20세기가 되어서야 우연한 사건이 계기가 되어 발견되었다는 것을 감안하면 아직 발견되지 않은 충돌구가 얼마든지 있을 수 있다고 믿고 있다.

지구상의 충돌 크레이터는 물에 의한 침식과 지질 활동으로 쉽게 사라져 버리기 때문에 발견이 어렵다.

그런가 하면 한 번의 운석 충돌이 아니라 짧은 시간 간격을 두고 일어났던 여러 번의 운석 충돌이 백악기 말 생명 대멸종을 야기했다고 주장하는 사람들도 있다. 1994년에 목성에 충돌한 슈메이커 레비 혜성의 충돌을 직접 목격한 과학자들은 혜성이 여러 개로 분리되어 연속적으로 충돌했을 가능성을 제시하고 있다. 이들은 비슷한 시기에 형성된 것으로 보이는 여러 개의 충돌구들을 증거로 제시하고 있다.

데본기 후기 대멸종과 트라이아스기 말 대멸종

☆ 바다에 다양한 어류들이 번성해 어류의 시대라고 부르는 데본기 후기에 있었던 대규모 생명 대멸종 사건의 원인 역시 소행성의 충돌이었을 것으로 보고 있는 과학자들이 많다. 그러나 육상 식물의 확산으로 인한 대기 중 이산화탄소 양의 감소, 이로 인한 빙하기의 도래, 적조 현상으로 인한 산소 양의 감소 등이 원인으로 지적되기도 한다. 데본기 후기에 있었던 생명 대멸종으로 많은 어류들이 멸종되었는데 이 중에는 갑주어류들도 포함된다.

중생대의 첫 번째 기였던 트라이아스기에는 페름기 말 대멸종 시기로부터 서서히 회복되던 시기였다. 이 시기에 공룡을 비롯한 파충류가 발전하기 시작했고, 포유류가 처음 나타났으며, 꽃이 피는 식물이 나타났다. 그러나 트라이아스기 말에 초대륙 판게아가 분리되기 시작하면서 대규모 화산이 지구 곳곳에서 폭발하여 많은 양의 이산화탄소가 대기 중으로 방출되었다. 이로 인한 기후 변화가 트라이아스기 말 생명 대멸종을 야기했을 것으로 보고 있다. 비교적 오랜 기간을 두고 점진적으로 진행된 트라이아스기 말 대멸종으로 많은 종류의 파충류가 사라진 후 멸종을 이겨낸 공룡이 중생대를 지배하게 되었다.

과거 지구에 있었던 생명 대멸종의 원인이 모두 밝혀진 것은 아니다. 과학자들은 사건의 범인을 잡기 위해 노력하는 형사가 된 것처럼 작은 실마리들을 바탕으로 생명 대멸종의 원인을 밝혀내기 위해 노력하고 있다. 형사들이 범인을 잡고 보면 예상했던 것과 전혀 다른 인물인 경우가 많은 것처럼 과거에 있었던 생명 대멸종의 원인 역시 우리가 추정하고 있는 것과 다른 것일 수도 있다. 따라서 많은 사람들이 받아들이는 이론과 다른 주장을 하는 사람들의 이야기에도 귀기울일 필요가 있을 것이다.

우리는 지금 여섯 번째 대멸종 사건의 한가운데 살고 있는 것일까?

　과학자들 중에는 현재 여섯 번째 생명 대멸종 사건이 진행 중이라고 주장하는 사람들이 있다. 2019년 5월 6일에 프랑스 파리에서는 유엔생물다양성과학기구의 총회가 개최되었다. 50개국에서 145명의 과학자들이 참석한 이 회의에서는 1800페이지나 되는 보고서가 채택되었다.

　이 보고서는 양서류의 40%, 침엽수의 34%, 포유류의 25%가 멸종 위기에 처해 있어 멸종 위기에 있는 종의 수는 100만 종에 이른다고 경고했다. 현재 진행되고 있는 대량 생명 멸종의 원인으로는 늘어나는 인구로 인해 자연 생태계가 줄어드는 것과 산업 활동으로 인한 환경 파괴를 꼽았다. 이 회의에 참석한 과학자들은 인류가 야생 생태계를 파괴하면서 매년 한반도 면적의 5배나 되는 면적의 열대우림이 사라지고 있으며, 지구 온난화로 멸종 위기에 처한 생명체의 수가 급격하게 늘어나고 있다고 설명하고, 현재 인류에 의한 여섯 번째 생명 대멸종이 진행 중이라고 주장했다.

한 조사 결과는 1차 산업혁명이 있었던 이후인 지난 200년 동안에 인류의 활동으로 500종 이상의 척추동물이 멸종된 것으로 추정했다. 지구 역사에서 보면 200년은 아주 짧은 기간이다. 지구 역사상 가장 큰 규모의 멸종 사건이었던 페름기 말 대멸종은 20만 년에 걸쳐 일어났다. 그러나 우리는 페름기 말 생명 대멸종이 아주 짧은 기간 동안에 진행되었다고 이야기하고 있다. 200년은 20만 년과는 비교도 할 수 없을 정도로 짧은 기간이다. 이렇게 짧은 기간 동안에 엄청난 변화가 일어나고 있다면 그것은 생명 멸종이 전에는 겪어보지 못한 빠른 속도로 진행되고 있다는 것을 뜻한다.

그러나 빠르게 진행되고 있는 여섯 번째 생명 대멸종이 인류가 통제할 수 없는 자연적인 원인에 의한 것이 아니라 인류에 의한 것이라면 아직 희망이 있다. 200년 동안에 일어난 변화라면 200년 동안에 치유할 수도 있을 것이기 때문이다. 어쩌면 파괴보다 회복에 훨씬 더 많은 시간이 걸리기 때문에 치유하는 데는 2000년이나 2만 년이 걸릴 수도 있다. 그러나 지구의 긴 역사에서 보면 2만 년도 아주 짧은 시간이다. 1억 년 후에 지구에 살고 있을 우리 후손들의 교과서에 우리가 살아가고 있는 홀로세(1만 년 전~현재까지)가 여섯 번째 대멸종이 일어났던 시기로 기록되느냐 아니냐는 우리 손에 달려 있다.

9장

식물들의 생존 전략

처음 생명체를 체계적으로 분류한 사람은 고대 그리스의 철학자 아리스토텔레스였다. 아리스토텔레스의 분류체계는 스웨덴의 식물학자 칼 폰 린네가 현대적인 분류체계를 도입할 때까지 2000년 동안 그대로 사용되었다. 그러나 16세기 이후 신대륙에서 새로운 동물과 식물이 많이 발견됨에 따라 이들을 분류체계 안에 포함시키기 위한 작업이 필요하게 되었다. 하지만 기존의 분류체계는 분류의 기준이 명확하지 않아 새로 발견된 동식물의 이름을 정하고 분류하는 데 어려움이 많았다. 따라서 새로운 분류체계가 필요하게 되었다.

이에 따라 16세기 후반에서 17세기 초반 사이에 생명체들을 분류하는 새로운 체계를 만들기 위한 연구가 시작되었다. 영국의 식물학자였던 존 레이는 그의 저서 『식물의 역사』에서 식물을 떡잎의 숫자를 기준으로 쌍떡잎식물과 외떡잎식물로 구분했다. 레이 이후에도 여러 학자들이 식물과 동물을 분류하는 새로운 분류법을 제안했다. 그들은 꽃의 형태에 따라 식물을 분류하기도 했고, 열매의 형태를 이용하여 분류하려고 시도하기도 했다.

이러한 분류체계를 정리하고 알려져 있던 대부분의 동식물을 분류체계 안에 포함시켜 분류학의 기초를 확립한 사람은 스웨덴의 식물학자 칼 폰 린네였다. 스웨덴의 읍살라대학에서 식물학을 공부한 후 네덜란드에서 의학으로 박사학위를 받은 린네는 읍살라대학 약학 교수가 된 후 식물에 대한 본격적인 연구를 시작했다.

■ 칼 폰 린네

어려서부터 식물에 관심이 많았던 린네는 학교에 다니는 동안 새로운 식물 표본을 수집하기 위한 답사여행을 자주 다녔다. 린네는 교수가 된 후에도 제자들과 함께 많은 답사여행을 다니면서 동식물의 표본을 수집했으며, 읍살라대학 총장으로 있는 동안에는 제자들로 이루어진 답사팀을 만들어 세계 곳곳의 동식물 표본을 수집하도록 지원하기도 했다.

많은 동식물의 표본을 수집한 린네는 동식물을 계, 강, 목, 속, 종으로 분류하는 체계적인 분류체계를 제안했다. 그의 분류체계에는 동물과 식물뿐만 아니라 광물도 포함되어 있었다. 생명체가 아닌 광물을 분류체계 안에 포함시킨 것은 생태계를 구성하고 있는 모든 요소들을 분류체계 안에 포함시키고 싶었기 때문이었을 것이다.

린네가 1748년에 출판한 『자연의 체계』에는 4400여 종의 동물과 7700여 종의 식물이 분류되어 있었다. 린네의 가장 중요한 업적 중 하나는 생명체의 이름을 붙이는 방법을 확립한 것이었다. 린네 이전에도 속명과 종명을 나란히 쓴 생명체의 이름을 사용한 사람들이 있었지만, 린네가 그의 연구에서 일관되게 이 방법을 사용함으로써 속명과 종명을 나란히 사용하는 이명법이 공식적인 명명법으로 굳어졌다. 예를 들어 사람을 호모 사피엔스라고 할 때 호모는 사람이 속한 속의 명칭이고, 사피엔스는 종의 명칭이다. 속명과 종명 다음에 최초로 명명한 사람의 이름과 연도를 나란히 쓰기도 한다. 속명과 종명은 이탤릭체로 쓰고, 명명자의 이름과 연도는 정자체로 쓰는 것이 관행이다.

그러나 생명체의 공통점과 차이점을 면밀하게 검토하지 않고 인위적으로 설정한 몇 가지 기준을 이용하여 동식물을 분류한 린네의 분류체계는 많은 문제점을 가지고 있었다. 암술과 수술의 개수와 위치만을 기준으로 한 린네의 식물 분류는 후에 크게 수정되었다.

약 35만 종이 포함되어 있는 식물은 녹조류, 선태식물, 양치식물, 종자식물로 크게 나누지만 이것은 생물 분류학상의 분류는 아니다. 생물 분류학에서는 식물을 조금 더 세분하여 12개의 문으로 나누고 있다. 이끼류에는 1만 2000종이 포함되어 있고, 고사리가 포함된 양치식물문에는 1만 1000종의 식물이 포함되어 있다.

35만 종의 식물 중 대부분에 해당되는 25만 8650종은 속씨식물문에 포함되어 있다. 이것은 식물 중에서 가장 늦은 시기에 나타난 속씨식물이 가장 큰 성공을 거두었다는 것을 나타낸다. 모든 식물들은 환경에 적응하면서 더 많은 자손을 남기기 위한 독특한 생존 전략을 가지고 있다. 속씨식물이 가장 성공적인 식물이 된 것은 그들의 전략이 가장 효과적이었기 때문이다. 그렇다면 여러 가지 식물들은 어떤 생존 전략을 가지고 있을까? 속씨식물은 어떤 전략으로 가장 큰 성공을 거두게 되었을까?

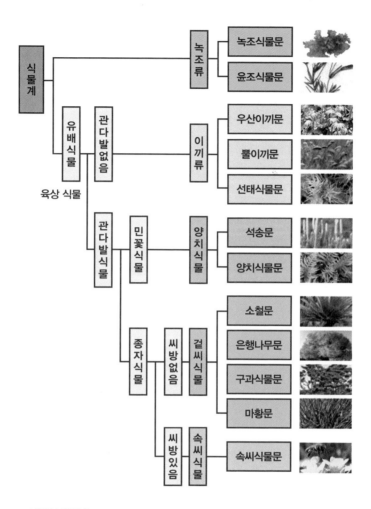

■ 식물의 분류체계

더 많이 그리고 더 멀리

✫ 식물 중에도 빠르게 잎을 오므리는 것과 같은 운동을 할 수 있는 것도 있고, 물이나 바람을 따라 이동할 수 있는 것도 있지만 대부분의 식물은 한 자리에 고정되어 토양에서 양분을 섭취해 살아간다. 약간의 예외를 제외한 대부분의 식물은 광합성 작용을 통해 영양물질을 만들어낸다. 광합성 작용을 통해 영양물질을 만들어내기 위해서는 뿌리에서 흡수하는 물과 양분, 공기 중의 이산화탄소, 그리고 햇빛이 필요하다.

따라서 식물들은 이런 것들을 더 많이 확보하여 더 많은 자손을 남기기 위해 치열한 경쟁을 벌인다. 숲이 우거진 정글에서는 더 많은 햇빛을 받을 수 있어야 하기 때문에 높이 자라는 경쟁을 벌인다. 물이 적은 사막 지역에서는 물을 많이 보존할 수 있는 두툼한 잎을 가지기 위한 경쟁을 벌이고 있으며, 번식에 곤충을 이용하는 식물들은 더 많은 곤충들을 유혹하기 위한 경쟁을 벌이고 있다.

이런 식물들의 경쟁에서 가장 중요한 것은 얼마나 효과적으로 자손을 많이 만들어내느냐 하는 것과 만들어낸 자손을 얼마나 멀리 보내느냐 하는 것이다. 식물이 성공을 거두기 위해 더 많은 자손을 만들어내야 한다는 것은 쉽게 이해할 수 있지만, 자손을 더 멀리 보내야 하는 것이 왜 필요한지는 의아하게 생각할 수도 있을 것이다.

동물은 새끼가 성장할 때까지 돌봐주어야 하기 때문에 새끼를 멀리 떼어 놓는 것은 좋은 전략이 아니다. 그러나 식물은 양분과 물 그리고 햇빛을 놓고 자손과도 경쟁을 해야 한다. 이것은 부모에게나 자손에게 모두 좋지 않은 일이다. 따라서 가능하면 자손을 멀리 보내야 서로 경쟁할 필요가 없게 되어 서로에게 좋다. 따라서 식물들은 더 많은 자손을 만들어내는 방법과 자손을 멀리 보내는 방법을 개발하기 위한 경쟁을 계속해 왔다. 속씨식물이 지구상에서 가장 성공적인 식물이 될 수 있었던 것은 더 많은 자손을 만들어내고 자손을 더 멀리 보내는 그들의 전략이 가장 효과적이었기 때문이다.

포자와 세대교번

✿ 자손을 만들어낸다는 것은 자신과 같은 유전자를 가진 새로운 개체를 만들어내는 것을 의미한다. 생명체를 이루고 있는 세포들에는 모두 유전자가 들어 있다. 유전자는 DNA라는 분자 속에 들어 있다. 긴 DNA 분자는 단백질 덩어리를 중심으로 꼬이고 뭉쳐져서 염색체를 만든다. 따라서 유전자는 염색체에 들어 있다고 할 수도 있다.

모든 생명체의 세포들은 짝수 개의 염색체를 가지고 있다. 예를 들어 사람은 46개, 모기는 6개, 고양이는 38개, 소는 60개, 그리고 새우는 254개의 염색체를 가지고 있다. 세포가 분열하여 두 개의 세포가 될 때는 원래 세포의 염색체 수와 똑같은 수의 염색체를 가진 세포가 만들어진다. 이런 것을 체세포 분열이라고 한다. 체세포 분열을 통해 똑같은 세포를 많이 만들어내면 생명체의 몸집이 커진다.

그러나 정자와 난자가 만들어지는 감수분열에서는 염색체의 수가 반으로 줄어든다. 따라서 정자와 난자가 만나 수정란이 되면 다시 원래의 염색체 수와 같아진다. 이렇게 부모로부터 반씩의 염색체를 받아 새로운 개체를 만들어내는 것이 유성생식이다. 꽃이 피는 식물들은 모두 유성생식을 하는 식물들이다.

그러나 꽃이 피는 식물이 나타나기 전에는 모든 식물들이 포자를 이용해 번식했다. 현재도 이끼류나 양치식물들은 포자를 이용해 번식한다. 홀씨라고도 부르는 포자는 어디든지 날아가 좋은 환경을 만나면 부모와 똑같은 개체를 만들어낼 수 있다.

대부분의 포자는 아주 작고 따라서 가볍다. 포자가 가벼우면 가벼울수록 바람이나 물을 따라 멀리까지 이동할 수 있어 부모와의 경쟁을 피할 수 있다. 그러나 포자로 번식하는 식물들은 다양한 자손을 만들어내는 데 한계가 있다. 진화의 첫 번째 단계는 다양한 자손을 만들어내는 것이라고 했던 것을 기억하고 있을 것이다.

따라서 포자를 이용하여 번식하는 식물들은 다양한 자손을 만들어내기 위한 특이한 전략을 수립했다. 우리가 쉽게 볼 수 있는 고사리는 포자체라고 부르는 것으로 짝수 개의 염색체를 가지고 있다. 포자체는 감수분열을 통해 염색체의 수가 반인 포자를 만들어낸다. 고사리가 포자를 만들어내는 과정은 무성생식이다.

포자는 바람에 날려 부모로부터 멀리 떨어진 곳에서 발아하여 배우체가 된다. 배우체에는 조란기와 조정기가 있어 염색체의 수가 반인 정세포와 난세포를 만들어낸다. 그리고 이 정세포와 난세포가 만

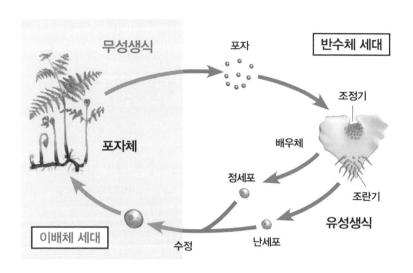

무성생식

포자

반수체 세대

포자체

조정기

배우체

정세포

조란기

이배체 세대

수정

난세포

유성생식

■ 고사리는 반수체 세대와 이배체 세대를 거치면서 무성생식과 유성생식을 번갈아 한다.

나 수정하면 염색체 수가 짝수 개인 이배체가 되고, 이 이배체가 발아하여 포자체인 고사리가 된다. 배우체가 정세포와 난세포를 만들어 수정하는 과정은 유성생식이다.

이렇게 무성생식과 유성생식을 교대로 하는 것을 세대교번이라고 한다. 세대교번을 하는 식물은 고사리뿐이 아니다. 이끼류나 양치류와 같이 포자로 번식하는 식물들은 대부분 세대교번을 한다. 그런데 재미있는 것은 좀 더 원시적인 식물인 이끼류에서는 포자체가 배우체에 기생하여 살지만, 양치류에서는 포자체가 더 중요한 부분을 차지하고 있고 배우체는 크기가 작다. 이러한 변화도 좀 더 효과적으로 번식하기 위한 전략의 일환일 것이다.

그렇다면 하나의 고사리가 만들어낸 포자가 자라서 정세포와 난

세포를 만들고 이것이 수정하여 고사리를 만들어내는 것이 어떻게 다양한 자손을 만들어내는 방법이 될 수 있을까? 그 비밀은 감수분열을 통해 포자를 만들어내는 과정에 숨어 있다. 감수분열을 하면 염색체의 수가 반으로 줄어드는데 그냥 반으로 줄어드는 것이 아니라 여기에도 일정한 규칙이 있다.

염색체들은 둘씩 짝을 이루고 있는데 이들을 상동 염색체라고 한다. 상동 염색체에는 같은 일을 하는 유전자가 들어 있지만 아주 똑같지는 않다. 감수분열 할 때는 상동 염색체 중 하나씩을 나눠 갖는다. 따라서 하나의 세포가 감수분열을 하면 단순히 염색체 수만 반으로 줄어드는 것이 아니라 조금씩 다른 유전자를 가진 포자들이 만들어진다.

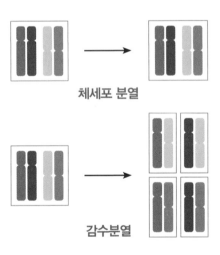

체세포 분열

감수분열

■ 체세포 분열에서는 똑같은 유전자를 가진 세포가 만들어지지만 감수분열을 통해 만들어진 포자들은 조금씩 다른 유전자를 가지고 있다.

예를 들어 2쌍의 염색체를 가지고 있는 세포가 감수분열하면 4가지 다른 유전자를 가진 포자를 만들 수 있다. 염색체의 수가 많은 경우에는 훨씬 다양한 유전자를 가진 포자를 만들 수 있다. 이 포자들은 다양한 배우체를 만들 수 있고, 따라서 다양한 고사리를 만들어낼 수 있다. 식물이 이런 것까지 고려한 번식 전략을 가지고 있다는 것은 놀라운 일이 아닐 수 없다.

오늘날에는 씨앗으로 번식하는 종자식물에 밀려 양치식물의 세력이 크게 줄어들었지만 과거에는 양치식물의 전성시대가 있었다. 그렇다면 양치식물의 전성시대는 언제였을까?

고생대 육지를 뒤덮은 양치식물의 숲

오랫동안 양치식물은 관다발식물 중에서 포자로 번식하는 모든 식물을 가리키는 말이었다. 그러나 최근에는 양치식물의 의미가 조금 달라졌다. 양치식물이라는 말의 정확한 의미를 알기 위해서는 식물 분류의 변화를 살펴보는 것이 좋을 것이다.

예전에는 씨앗으로 번식하는 식물은 종자식물문으로, 그리고 포자로 번식하는 식물은 모두 양치식물문으로 분류했다. 따라서 이때는 관다발식물 중에서 종자식물이 아닌 모든 식물이 양치식물이었다. 양치식물이라는 이름은 대표적인 양치식물인 고사리의 잎이 양의 이빨을 닮았다 하여 붙여진 이름이다.

그러나 그 후 모든 식물을 12개의 문으로 분류하면서 예전에 양치식물문에 속하던 식물들을 석송식물문과 양치식물문으로 나누게 되었다. 그리고 양치식물문은 다시 고사리가 포함된 양치식물강을 포함하여 4개의 강으로 나누고 있다. 양치식물강을 고사리강이라고 부르기도 한다. 따라서 현재는 고사리가 포함된 양치식물강에 속하는 식물만을 양치식물이라고 부르는 경우도 있고, 예전처럼 석송류

■ 오늘날의 석송

를 포함해 관다발식물 중에서 종자식물이 아닌 식물을 모두 양치식물이라고 부르는 경우도 있다. 포자로 번식하는 양치식물들은 꽃이 피지 않기 때문에 민꽃식물이라고 부르기도 한다.

고생대 실루리아기부터 육지에 나타나기 시작해 데본기에 발달한 관다발식물들은 모두 포자로 번식하는 양치식물들이었다. 처음에는 크기가 작았지만 석탄기에는 큰 나무로 자라기 시작했다. 오늘날의 석송류에 속하는 식물들은 키가 크지 않은 작은 식물들이지만 석탄기에 살았던 이들의 사촌들은 아주 크게 자랐다. 석탄기에 발달한 습지에서 석송의 일종인 리코파이테스는 30m 높이까지 자랐고 줄기의 지름도 1.5m나 되었다. 석탄기에 번성했던 양치식물은 고생대의 마지막 기인 페름기에 기후가 건조해지자 크게 쇠퇴했다.

페름기 말의 생명 대멸종에도 살아남은 양치식물은 공룡이 지배하던 중생대에도 번성했지만, 석탄기에 출현하여 중생대에 크게 세력을 확장한 씨앗을 맺는 종자식물들에게 점차 자리를 내주게 되었다. 그러나 오늘날에도 고사리를 비롯한 많은 양치식물이 남아 있다.

석탄기에는 열대 지역을 중심으로 양치식물로 이루어진 울창한 숲이 지구를 뒤덮고 있었다. 고생대에는 아직 이 나무들을 먹고 소화시킬 수 있는 초식동물이 없었기 때문에 숲은 더욱 빠르게 넓어질 수 있었고 땅에는 이들의 잔해가 쌓이기 시작했다.

땅에 쌓여 썩지 않은 채 퇴적층을 이룬 식물들의 잔해가 오늘날 세계 곳곳에서 발견되고 있는 석탄이다. 석탄이 만들어지기 위해서는 울창한 숲이 만들어질 수 있는 환경과 나무의 잔해가 썩지 않고 퇴적될 수 있는 조건이 필요한데 석탄기는 이런 조건을 모두 갖춘 시기였다. 석탄은 근대 산업혁명을 가능하게 한 중요한 에너지 자원이 되었다.

겉씨식물은 언제 나타났을까?

✿ 무성생식에 의해 만들어진 포자는 바람에 날려 멀리까지 날아가 새로운 영역을 개척하고 세력을 넓혀 갈 수 있었다. 그러나 발육 조건이 좋은 습기가 많은 토양에 도달한 포자만이 새로운 개체로 발전할 수 있었다. 발육 조건이 좋지 않은 경우에는 조건이 좋아질 때까지 발육시기를 늦출 수 있는 포자들도 있었지만, 단단한 껍질을 가지고 있지 않은 포자는 오랫동안 기다릴 수 없었다.

이러한 한계를 극복한 것이 씨앗이다. 씨앗은 물이 통과할 수 없는 단단한 껍질과 씨앗이 발아하는 데 필요한 양분을 가지고 있다. 따라서 씨앗은 포자보다 열악한 환경에서도 발아하여 새로운 개체로 자랄 수 있다. 그리고 단단한 껍질은 물속이나 동물의 내장 안에서도 손상되는 것을 막아줄 수 있고, 발아하기에 좋은 조건이 될 때까지 오랫동안 기다리게 할 수도 있다. 씨앗을 만들어낸 것은 식물이 이루어낸 가장 중요한 진화 중 하나였다.

꽃을 이용해 씨앗을 만들어내는 식물은 크게 겉씨식물과 속씨식물로 나눌 수 있다. 겉씨식물은 밑씨가 밖으로 들어나 있고, 속씨식물은 밑씨가 씨방 안에 들어 있다. 밑씨가 꽃가루와 만나 수정이 이루어지면 씨앗이 된다. 겉씨식물은 암꽃이 피는 암나무와 수꽃이 피는 수나무가 따로 있는 식물로 주로 바람에 의해 수정이 이루어진다.

겉씨식물 중 가장 먼저 나타난 것은 소철이었다. 석탄기 중반에 처음 나타난 작은 야자나무처럼 생긴 소철은 오늘날에도 약 300종이 살고 있다. 석탄기에 처음 나타난 겉씨식물은 페름기를 거쳐 중생대 초기에 크게 번성했다. 그러나 중생대 중반에 속씨식물이 나타난 후에는 크게 쇠퇴하여 현재는 670종밖에 남아 있지 않다.

남아 있는 종의 수는 적지만 아직도 겉씨식물은 식물계에서 중요한 자리를 차지하고 있다. 대표적인 겉씨식물인 소나무는 온대지방과 한대지방의 숲을 이루고 있는 대표적인 식물이고, 전나무도 전 세계에 분포하고 있는 겉씨식물이다.

은행나무 역시 곳곳에서 아름다운 풍경을 만들어내고 있는 겉씨식물이다. 대부분의 겉씨식물이 바늘 모양의 잎을 가지고 있는 침엽수인 것과는 달리 은행나무는 잎맥이 부

■ 주로 열대지방에서 자라는 소철

챗살처럼 퍼져 있는 넓은 잎을 가지고 있다. 처음 지구상에 나타났을 때의 모습을 그대로 가지고 있어 화석식물이라고도 부르는 은행나무는 높게 자라고 수명이 길어 곳곳에서 기념 수목으로 지정하여 보호되고 있고 가로수로도 널리 사용되고 있다. 식물의 12개 문 중 하나인 은행나무문에는 은행나무종 하나만 포함되어 있다. 따라서 은행나무는 식물계, 은행나무문, 은행나무강, 은행나무목, 은행나무과, 은행나무속, 은행나무종이다. 고생대에는 은행나무속에 몇 개의 종이 있었던 것으로 보이지만 현재는 단 한 종만 남아 있다.

우리나라에 자라고 있는 약 50종의 겉씨식물 중에는 코라이엔시스라는 종명을 가진 식물이 있다. 코라이엔시스는 한국이라는 의미이다. 이 식물의 학명은 pinus koraiensis이고 영어 이름은 Korean white pine이다. 영어 이름을 번역하면 '한국 흰 소나무'라는 뜻이다.

이 나무는 우리나라와 중국 북동부, 러시아 극동지방, 그리고 일본의 일부 지방에 분포하고 있고, 우리나라에서는 경기도 가평, 강원도 홍천 등지에 많이 자라고 있다. 이 나무는 목재로도 사용되지만 열매를 먹기 위해 더 널리 재배되고 있다.

이 나무의 열매는 불포화 지방산을 많이 포함하고 있어 피부에 좋고 혈압을 내리는 효능이 있는 것으로 알려진 건강식품이다. 그러나 열매가 높은 나무 꼭대기에 달리기 때문에 열매를 채취하는 데 어려움을 겪고 있다. 경사가 급한 산에 주로 자라기 때문에 기계를 사용할 수도 없어 직접 사람이 높은 곳까지 올라가 긴 장대를 이용하여 채취하기 때문에 이 나무의 열매는 값이 비싼 편이다.

이 식물은 소나무와 비슷해 소나무와 혼동하는 사람들이 많지만 잎의 수를 보면 쉽게 구별할 수 있다. 바늘 모양으로 된 두 개나 세 개의 잎이 한 묶음으로 나있는 소나무와는 달리 다섯 개나 여섯 개의 잎이 한 묶음으로 나있는 이 나무는 바로 잣나무이다.

■ 영양가가 좋고 맛있는 열매가 달리는 잣나무의 종명은 코라이엔시스(한국)이다.

속씨식물은 동물을 어떻게 이용하고 있을까?

☆ 밑씨가 씨방 안에 들어 있는 속씨식물은 모든 식물 중에서 가장 성공적인 번식 전략을 가지고 있는 식물이다. 가장 오래된 속씨식물의 화석은 1998년 중국 남동부에서 발견된 약 1억 2500만 년 전에 살았던 식물의 화석이다. 이 화석이 어류 화석 및 수생식물의 화석과 함께 발견된 것으로 보아 속씨식물이 수생식물로부터 진화했을 것이라고 생각하는 사람들도 있다.

중생대 중반에 처음 나타난 것으로 보이는 속씨식물은 중생대 말기인 백악기에 다양한 종으로 분화되어 차츰 겉씨식물을 밀어내기 시작했다. 백악기 이후의 지층에서는 양치식물이나 겉씨식물의 화석보다 속씨식물의 화석이 훨씬 많이 발견되고 있다. 이것은 속씨식물이 매우 빠르게 다른 식물들과의 경쟁에서 이기고 우점종이 되었다는 것을 나타낸다.

속씨식물이 이렇게 빠르게 성장할 수 있었던 것은 동물들을 효과적으로 이용하는 뛰어난 번식 전략 덕분이었다. 바람을 이용하여 꽃가루와 밑씨가 결합하여 씨앗을 맺도록 하는 겉씨식물과는 달리 속씨식물은 먼 거리를 쉽게 이동할 수 있는 동물을 이용하여 수정한다. 장소를 이동할 수 없는 식물이 동물을 이용하여 번식하는 전략을 수립한 것은 놀라운 일이 아닐 수 없다.

속씨식물은 서로 떨어져 있는 수술의 꽃가루를 암술까지 옮기는데 하늘을 마음대로 날아다닐 수 있는 나비나 벌을 이용한다. 그렇게 하기 위해서는 우선 벌이나 나비가 자신에게 오도록 유인해야 한다. 속씨식물이 온갖 화려한 꽃을 피우는 것은 벌과 나비를 유인하기 위한 전략이다. 그러나 화려한 꽃으로 유인한다고 해서 나비나 벌이 공짜로 꽃가루를 암술까지 날라다 주지는 않는다.

그래서 준비한 것이 꿀이었다. 속씨식물은 나비와 벌이 꽃가루를 암술까지 날라다 주는 대가

우리 속씨식물은 곤충을 유혹해 수정해요. 그리고 우리 열매는 동물을 유인해 씨앗을 멀리 보내는 데 쓰이죠. 우리 속씨식물은 이 방법으로 지구를 정복했어요.

속씨식물

쩝, 부럽소. 하지만 우리 겉씨식물은 개체수가 적어도 행복하다오.

겉씨식물

로 꿀을 제공한다. 영양분이 풍부한 꿀을 제공받은 나비나 벌들은 건강한 자손을 남겨 더 열심히 꽃가루를 날라다 줄 수 있고, 그렇게 되면 속씨식물은 더 많은 씨앗을 만들 수 있게 된다. 속씨식물과 나비와 벌은 공생을 통해 공진화를 이루어냈다. 서로 도와주면서 함께 진화하는 것이 공진화이다.

그러나 그것으로 문제가 모두 해결된 것은 아니었다. 어렵게 만든 씨앗을 멀리까지 보내는 문제가 남아 있었다. 씨앗이 주위에 남아 있으면 부모 세대와 경쟁을 하게 되어 부모에게나 자손에게나 좋을 것이 없다. 따라서 씨앗은 가능하면 멀리 보내는 것이 좋다. 일부 속씨식물은 씨앗이 바람에 멀리까지 날아가도록 하기 위해 씨앗에 날개를 달기도 하고 솜털 같은 것을 붙여 놓기도 했다. 그런가 하면 물을 이용해 씨앗을 멀리까지 보내는 식물도 있고, 동물의 몸에 몰래 씨앗을 붙여 멀리 보내는 식물도 있다.

그러나 그것만으로는 씨앗을 충분히 멀리까지 보낼 수 없다. 속씨식물은 씨앗을 멀리 보내는 데 좀 더 적극적으로 동물을 이용한다. 밑씨를 둘러싸고 있는 씨방에 많은 영양물질을 저장해 씨앗을 날라 줄 동물의 먹이로 제공하는 것이다. 열매 안에는 동물의 소화기관 안에서도 견딜 수 있는 단단한 씨가 들어 있다. 이 작전은 대단한 성공을 거두었다.

속씨식물이 만들어낸 맛있는 열매에 맛을 들인 동물들은 자청해서 속씨식물의 씨앗을 멀리까지 날라다 주기 시작했다. 씨앗을 날라다 주는 일을 자청한 동물들로는 다람쥐나 멧돼지와 같은 동물에서부터 하늘을 나는 새들까지 다양했다. 속씨식물들은 더 많은 동물들을 유혹하기 위해 더 맛있고 더 영양분이 풍부한 열매를 만들어냈다. 영양분이 풍부한 먹이를 제공받은 동물들은 더 많은 새끼를 낳았고, 식물들은 이들을 이용해 더 많은 씨앗을 더 멀리까지 운반했다.

더구나 열매를 맺고 배설한 씨앗은 동물의 배설물을 거름 삼아 더 잘 자랄 수 있었다. 속씨식물들이 그것까지 계산에 넣었는지는 모르지만 씨앗을 멀리 보내는 데 동물을 이용하기로 한 속씨식물의 전략은 대성공을 거두었다. 따라서 속씨식물은 아주 빠른 속도로 지구 전체로 퍼져 나갈 수 있었다.

속씨식물들의 열매와 과일을 주로 먹고 사는 인류는 속씨식물의 씨앗을 멀리 날라다 주는 역할을 가장 잘 해내고 있다. 따라서 사람을 효과적으로 이용하고 있는 속씨식물은 다른 식물들보다 더 큰 성공을 거둘 수 있었다. 사람을 더 잘 유혹할 수 있는 열매를 맺는 식물들은 사람의 보호를 받으며 훨씬 많은 씨앗을 만들어냈다. 우리는 이런 식물들을 농작물이라고 부르지만, 농작물의 입장에서 보면 사람을 더 충실한 일꾼으로 부리고 있는 셈이다. 생물학자는 이것을 농작물과 사람이 서로에게 필요한 것을 제공하는 성공적인 공생의 예라고 설명할 것이다.

사람에게
가장 중요한 식물은
무엇일까?

오늘날과 같이 교통과 통신이 발달한 세상에서도 세상과 고립되어 산속에서 살아가는 사람들이 있다. 그런 사람들은 다른 사람들과의 접촉을 최소로 하고 자연에 의존해 살아간다. 요즈음에는 그런 사람들이 살아가는 모습을 소개하는 텔레비전 프로그램도 여러 가지가 있다. 그런 사람들이 살아가는 이야기의 대부분은 무엇을 먹고 사느냐 하는 것이다. 오래전에 우리 조상들이 그랬던 것처럼 그들은 주로 주변에서 자라고 있는 식물에서 먹을 것을 얻는다.

그렇다면 사람들이 먹는 식물 중에서 가장 중요한 식물은 무엇일까? 사람들은 균류, 양치류, 겉씨식물, 속씨식물의 줄기나 잎, 그리고 열매를 모두 먹지만 가장 많이 먹는 것은 속씨식물의 씨앗이다. 속씨식물은 크게 외떡잎식물과 쌍떡잎식물로 나눌 수 있다. 싹이 틀 때 떡잎이 하나인 것을 외떡잎식물이라고 하고, 떡잎이 두 개인 것을 쌍떡잎식물이라고 한다. 종의 수나 개체수는 쌍떡잎식물이 외떡잎식물보다 더 많다. 따라서 쌍떡잎식물이 더 성공을 거둔 식물이

벼	옥수수	보리

대나무	잔디	사탕수수

■ 여러 가지 볏과식물들

라고 할 수 있다.

그러나 우리는 외떡잎식물의 씨앗을 더 많이 먹고 있다. 외떡잎식물 중에서
도 볏과에 속해 있는 식물의 열매를 가장 많이 먹고 있다. 볏과에는 벼, 밀, 보리,
조, 수수, 옥수수, 사탕수수와 같은 중요한 곡류 작물이 대부분 포함되어 있다.
사람들이 식용으로 재배하고 있는 작물의 약 70%가 볏과식물이다.

약 1만 2000종으로 이루어진 볏과는 속씨식물 중 가장 많은 종을 포함하고
있는 과 중 하나이다. 예전에는 볏과를 '화본과'라고 불렀다.

벗과에 속하는 3대 농작물인 벼, 옥수수, 밀은 인류가 필요로 하는 에너지의 반 이상을 공급하고 있다. 아시아에서는 벼가 탄수화물과 단백질의 주요 공급원이고, 남아메리카에서는 주로 옥수수에서 에너지를 공급받고 있으며, 유럽과 북아메리카에서는 밀을 주식으로 하고 있다. 벗과식물인 사탕수수를 원료로 생산되는 설탕은 전 세계에서 가장 많이 사용되고 있는 식품 첨가물이다.

남극 대륙과 그린란드를 제외한 육지 면적의 약 40%를 차지하고 있는 초원을 이루고 있는 풀들도 중생대 말기인 백악기에 처음 나타난 벗과식물이다. 초원의 풀은 초식동물이 가장 좋아하는 먹이이다.

벗과식물은 집에서 기르는 가축의 사료로도 널리 사용되고 있다. 그것은 사람들이 먹는 육류의 대부분도 벗과식물을 사료로 하여 생산된다는 것을 의미한다.

벗과식물은 스포츠 시설용이나 정원 조경용 등으로도 널리 활용되고 있다. 축구장이나 골프장에 심는 잔디도 벗과에 속한다. 공공시설이나 주택의 마당 또는 공원의 넓은 공터에도 잔디가 많이 심어져 있다.

속이 빈 줄기가 마디를 이루고 있는 벗과식물들은 대부분 한해살이 풀이지만 여러해살이 나무인 대나무도 벗과식물이다. 곧고 높게 자라는 대나무는 조경이나 울타리용으로도 널리 심어지지만, 여러 가지 가구를 만드는 재료나 건축 자재로 사용되기도 하며, 어린 순을 식용으로 사용하기 위해 재배되기도 한다.

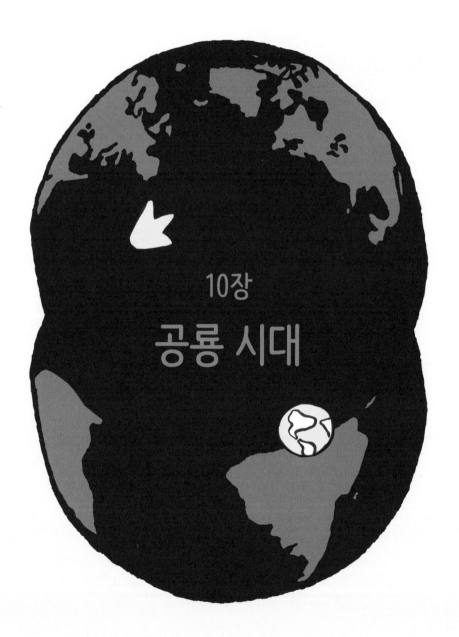

10장

공룡 시대

공룡 화석의 발견

영국의 신학자이며 고생물학자였던 윌리엄 버클랜드가 1815년에 새로운 동물의 화석을 발견하고 메갈로사우루스라는 이름을 붙였다. 처음에 그는 자신이 발견한 대퇴골과 무릎 관절뼈의 화석이 무슨 동물의 것인지 알 수 없었다. 그러나 프랑스 생물학자 조르주 퀴비에의 조언을 듣고 그것이 이전에는 발견된 적이 없는 새로운 파충류의 화석이라고 확신하게 되었다.

1822년에는 영국 루이스에 살고 있던 아마추어 화석 수집가 기디언 맨텔과 메리 앤 맨텔 부부가 집 가까이 있는 숲에서 거대한 이빨 화석을 여러 개 발견했다. 그들은 이 이빨들의 크기로 보아 이 이빨을 가지고 있던 동물은 길이가 18m나 되는 큰 동물일 것이라고 추정했다.

윌리엄 버클랜드와 조르주 퀴비에는 이 화석이 물고기의 화석이라고 주장했다. 그러나 이 이빨 화석을 자세히 조사한 과학자들은 이것이 그때까지 알려지지 않았던 새로운 파충류의 화석이라는 것을 알아냈고, 버클랜드와 퀴비에도 이에

동의했다. 맨텔 부부는 이 동물이 큰 이구아 나를 닮았을 것이라고 생각하고 이구아노돈 이라는 이름을 붙였다.

■ 기디언 맨텔

1842년에 영국의 생물학자 리처드 오언 이 메갈로사우루스와 이구아노돈을 포함하 는 화석동물을 '도마뱀'의 일종으로 보고 사 우루스(공룡)라고 불렀다.

공룡은 도마뱀의 일종이 아니므로 이 이름은 적절한 이름이 아니었다. 과학자 들은 공룡의 정체를 밝혀내기 위한 본격적인 연구를 시작했다.

1800년대 말에는 미국에서 공룡의 화석을 놓고 벌인 화석 전쟁이 일어났다. 화석 전쟁은 국가 사이의 전쟁이 아니라 고생물학자 에드워드 코프와 오스니얼 마시 사이에서 벌어진 공룡 화석 확보 경쟁을 말한다. 두 사람은 서로 더 많은 공 룡 화석을 확보하기 위해 돈을 주고 화석을 매입하기도 하고, 상대의 화석을 훔치 거나 파괴하기도 했으며, 심지어는 상대방을 중상모략 하는 등 온갖 방법을 동원 했다. 이로 인해 두 사람은 결국 파산하는 지경에 이르렀다.

그러나 두 사람이 1877년부터 1892년까지 콜로라도, 네바다, 와이오밍 등 미 국 서부 지역에서 벌인 화석 전쟁을 통해 수집한 화석들은 후의 공룡 연구에 도움 을 주었으며, 일반인들도 공룡에 관심을 갖게 하는 계기를 제공했다. 두 사람 사이 의 화석 전쟁은 소설로도 소개되어 유명해졌다. 사람들은 이 전쟁을 화석 쟁탈전 또는 뼈 전쟁이라고 부르기도 했다.

이렇게 해서 과거에 지구를 지배했던 거대한 동물들이 있었다는 것을 알게 되었다. 지구가 우리를 위해 만들어진 특별한 장소라고 생각하고 있던 사람들에게 이것은 놀라운 사실이었다. 그리고 공룡이 지배하고 있던 기간은 인류가 지구상에 살아온 시간과는 비교할 수 없을 정도로 길다는 것이 밝혀졌다. 공룡들이 지구의 최상위 포식자로 군림한 기간은 1억 년이 넘는 긴 기간이었다.

그렇다면 이렇게 긴 기간 동안에 어떤 종류의 공룡들이 살고 있었을까? 그리고 그들은 전부 어디로 간 것일까?

공룡의 전성시대

✿ 2억 5100만 년에서 6550만 년 전까지 약 1억 8000만 년 동안 계속된 중생대는 트라이아스기, 쥐라기, 백악기로 나눈다. 고생대 말에 하나의 거대한 초대륙을 이루고 있던 판게아가 분리되기 시작하여 쥐라기 초기인 1억 7500만 년 전에 북쪽의 로라시아 대륙과 남쪽의 곤드와나 대륙으로 나누어지고 그 사이에는 테티스해가 자리 잡았다. 대체적으로 온난한 기후가 계속되어 빙하기가 없었던 중생대에는 파충류들이 크게 번성했고, 포유류와 조류가 처음 나타났으며, 꽃이 피는 속씨식물이 등장했다. 그러나 중생대의 주인공은 단연 파충류의 일종인 공룡이었다.

트라이아스기	쥐라기	백악기
25100	18000 14400	6550

(단위: 만 년 전)

■ 중생대는 세 개의 기로 구분한다

고생대 말인 페름기에 지구를 지배하던 동물은 단궁류인 포유류형 파충류였다. 그러나 대부분의 포유류형 파충류는 페름기 말 생명 대멸종 사건으로 사라졌다. 페름기 말 생명 대멸종 사건으로 많은 이궁류 파충류들도 멸종되었다. 그러나 모두 사라진 것은 아니었다. 페름기 말 대멸종의 와중에서도 새로운 지구 환경에 적응해 새로운 생명체로 발전해 나갈 생명체는 살아남았다.

석탄기에 지구를 뒤덮었던 숲이 만들어낸 산소로 인해 30%까지 올라갔던 대기 중 산소 함유량이 페름기 말 대멸종을 야기한 사건으로 트라이아스기 초에는 10%까지 떨어졌다. 트라이아스기에는 이런 저산소 농도 상태가 약 1억 년 동안이나 계속되었다. 이것은 숨을 쉬기에도 어려울 정도의 낮은 수준이다. 대기 중 산소 농도가 21%인 환경에서 살아가는 우리는 높은 산에 올라가 산소 농도가 16% 이하로 떨어지면 산소결핍으로 인한 여러 가지 증상을 호소한다.

페름기 말 대멸종 사건에서 살아남은 파충류들은 이런 낮은 산소 환경에 적응하는 방법을 발전시켜야 했다. 이 경쟁에서 이긴 동물은 이궁류에 속하는 공룡이었다. 공룡은 뼈 내부에 공기 주머니인 기낭을 발전시켰다. 기낭은 오늘날에도 공룡의 후손인 새들이 가지고 있다. 새들이 산소가 부족한 높은 하늘을 날 수 있는 것도 기낭을 가지고 있기 때문이다. 기낭을 장착한 공룡은 산소가 적은 환경에서도 살아남을 수 있었고 몸집을 크게 키울 수 있었다.

포유류의 조상인 포유류형 파충류도 새로운 환경에 적응하기 위해 폐의 크기를 키우고 복식 호흡법을 발전시키는 등의 방법을 개발했지만 공룡의 기낭만큼 효과적이지 않았다. 이렇게 해서 공룡은 중생대의 지배자가 되었고 포유류형 파충류는 뒷골목으로 숨어들었다. 뒷골목으로 숨어든 포유류형 파충류는 포유류로 진화하여 자신들의 때가 오기만을 기다렸다.

공룡은 트라이아스기에 나타나 백악기 말 생명 대멸종으로 사라질 때까지 지구를 지배했다. 하늘을 날아다니던 익룡, 물속에 살던 어룡, 물속에 살지만 허파로 숨을 쉬었던 수장룡을 공룡의 일종이라고 생각하는 사람들이 있지만 이들은 공룡과는 다른 목으로 분류된다. 중생대에 살던 모든 파충류를 공룡이라고 생각하는 사람도 있는데 이 역시 사실이 아니다.

공룡은 크기가 30cm인 것에서부터 40m가 넘는 거대한 공룡에 이르기까지 다양하다. 현재까지 밝혀진 1000종이 넘는 공룡들은 골반 모양을 기준으로 용반목과 조반목의 두 종류로 나눌 수 있다. 용반목은 다시 용각아목과 수각아목으로 나누어진다. 공룡 중에서 가장 크고 목이 긴 브라키오사우루스와 같은 공룡들이 속해 있는 용각아목 공룡들은 긴 꼬리와 기둥처럼 보이는 다리를 가졌다. 주로 초식공룡이었던 용각아목 공룡들은 쥐라기에 번성했지만 백악기에 들어서는 다른 초식공룡에 비해 번성하지 못했다.

공룡에 관심이 있는 사람들에게 가장 친숙한 티라노사우루스 렉스(티-렉스)가 속해 있는 수각아목 공룡들은 두 발로 서서 걷는 육식공룡으로 날카로운 이빨을 가지고 있었으며, 뒤쪽으로 꼿꼿하게 뻗어 있어 몸의 균형을 잡아주는 긴 근육질 꼬리도 가지고 있었다. 앞다리는 뒷다리보다 훨씬 작고 가늘었으며 턱이 강했다.

수각아목 공룡 중에는 병아리만한 크기로 작은 먹잇감들을 쫓아다닌 작은 것도 있었으나 대부분은 몸집이 컸다. 이들 중에는 부리와 깃털을 가진 공룡도 있었다. 백악기 말 생명 대멸종으로 용각아목 공룡들은 모두 멸종되었으나 수각아목에 속하는 새들은 멸종하지 않고 살아남았다. 따라서 백악기 말 대멸종에서 모든 공룡이 멸종한 것이

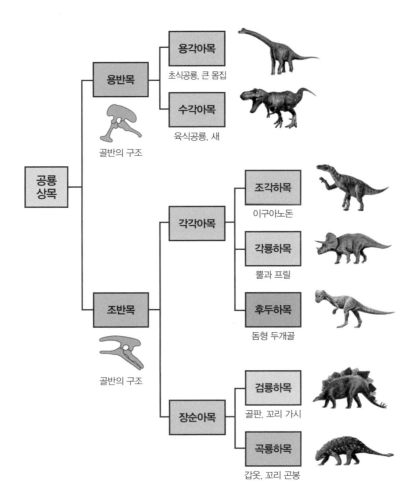

■ 공룡의 분류

아니라 새를 제외한 공룡들이 멸종한 것이다.

　조반목 공룡들은 크게 각각아목과 장순아목으로 분류한다. 각각
아목에 속하는 공룡들은 다시 조각류, 각룡류, 후두류로 나눌 수 있

고, 장순아목에 속하는 공룡들은 다시 검룡류와 곡룡류로 나눌 수 있다. 조반목에 속하는 공룡들은 나무나 풀을 뜯어먹고 살았던 초식공룡으로 입에는 부리처럼 생긴 뼈가 발달했고, 몸에 골판이 붙어 있었다. 중생대 말인 백악기에는 용각아목에 속하는 공룡들이 줄어들고 조반목에 속하는 초식공룡들이 번성했다.

가장 덩치가 컸던 용각류

☆ 용각류 공룡들은 지구 역사상 육지에 살았던 동물 중에서 가장 큰 동물이었다. 아파토사우루스, 브라키오사우루스, 디플로도쿠스가 용각류에 속한다. 용각류는 트라이아스기 말에 출현하여 쥐라기에는 디플로도쿠스와 브라키오사우루스가 광범위하게 분포하였다. 그러나 백악기 말 대멸종 시에 모두 멸종했다. 이들의 화석은 남극 대륙을 제외한 모든 대륙에서 발견되고 있다. 용각류의 완전한 화석은 드물며 뼈의 일부만 발견되는 경우가 대부분이다. 많은 용각류 화석들이 머리뼈나 꼬리뼈 혹은 갈비뼈가 없는 상태로 발견된다.

■ 아파토사우루스

쥐라기 말에서 백악기 초까지 생존했던 브라키오사우루스의 가장 큰 특징은 큰 앞발과 긴 목이다. 따라서 기린처럼 높은 곳에 있는 나뭇잎을 따먹는 데 유리했을 것이다. 브라키오사우루스의 예전 복원 모형에서는 머리가 하늘을 향해 꼿꼿이 세우고 있었지만 그럴 경우 심장에서 뇌까지 혈액이 전달되기 어렵다는 지적에 따라 머리가 좀 더 낮은 위치에 오도록 수정되었다. 길고 튼튼한 꼬리는 앞으로 길게 나온 목과 머리의 균형을 유지하고 적을 공격하는 데 사용했다.

브라키오사우루스의 화석은 미국 콜로라도의 그랜드 리버 계곡에서 1900년에 처음 발견되었다. 그러나 이 화석은 불완전한 몇 가지 골격이나 뼛조각에 지나지 않아 브라키오사우루스의 전체적인 모습을 알아내는 데 어려움이 있었다. 전체 골격을 포함하고 있는 완전한 브라키오사우루스의 화석은 1910년대에 동아프리카 탄자니아에서 독일 과학자들에 의해 발견되었다.

브론토사우루스라고도 부르는 아파토사우루스는 쥐라기에 번성했던 용각류 공룡이다. 아파토사우루스의 몸길이는 23m나 되었고, 몸무게는 23톤이었던 것으로 추정된다. 아파토사우루스라는 이름은 믿을 수 없는 도마뱀이라는 뜻으로, 뼈가 해양 파충류인 모사사우루스와 흡사하여 이런 이름이 붙여졌다. 쥐라기 후기 북아메리카에 분포했으며 미국의 콜로라도, 유타, 오클라호마, 와이오밍 등에서 발견되었다. 디플로도쿠스와 매우 비슷하지만 몸길이는 짧은 반면 체중이 훨씬 많이 나가는 것이 다르다.

난폭한 포식자였던 수각류

☆ 티라노사우루스 렉스로 대표되는 수각류 공룡들은 대부분 육식 공룡이었지만, 일부는 백악기에 초식성으로 바뀐 것도 있었다. 수각류 공룡들은 트라이아스기 말에 처음으로 출현해 쥐라기 초부터 백악기 말까지 번성했다.

수각류 공룡들은 여러 가지 면에서 새와 비슷한 특징을 가지고 있었다. 수각류 공룡들과 새들은 모두 세 개의 발가락, 속이 빈 뼈, 깃털을 가지고 있으며 알을 낳는다는 공통점을 가지고 있다. 수각류 공룡들 중에는 새와 비슷한 모습을 가지고 있는 것도 있었다. 그동안 많은 논란이 있었지만 이제는 새가 수각류 공룡들의 후손이라는 것이 널리 받아들여지고 있다.

수각류 공룡의 종류는 매우 다양하다. 큰 몸집을 자랑했던 스피노사우루스, 잡식성으로 오늘날의 타조처럼 빠르게 달릴 수 있도록 진화한 오르니토미무스, 재빠른 몸놀림에 머리도 좋았던 것으로 알려진 벨로키랍토르, 몸길이가 10m 이상이었던 거대한 포식자 티라노사우루스도 수각류 공룡이었다.

우리에게 익숙한 티라노사우루스보다도 더 큰 몸집을 가지고 있던 육식공룡이었던 스피노사우루스의 화석은 이집트에서 최초로 발견되었고 모로코, 알제리, 튀니지 등 북아프리카의 다른 나라들에서도 화석들이 추가 발견되면서 제대로 복원되었다. 몸길이는 17m나 되었고 몸무게는 9톤에 달했다. 입은 가늘고 길며 고깔 같은 모양의 이빨이 촘촘히 박혀 있었다. 스피노사우루스는 먹이를 붙잡고 휘둘러 찢어내어 먹었을 것으로 추정된다. 앞다리는 티라노사우루스보다 길고 튼튼하며 매우 큰 발톱이 달려 있었다. 발톱은 공격을 하는 데 사용했을 것으로 추정된다. 스피노사우루스는 주로 물고기를 사냥했을 것으로 추정된다.

모든 공룡들 중에서 티라노사우루스가 가장 널리 알려지게 된 것은 완전한 모습을 지닌 화석이 발견되어 자세한 모습과 생활방식에 대한 연구가 충분히 이루어졌기 때문이다. 공포의 도마뱀이라는 뜻을 가진 티라노사우루스속에 속하는 공룡 중에서 가장 덩치가 컸던 종은 렉스였다. 렉스는 황제라는 의미를 가지고 있다. 백악기 후기에 살았던 티라노사우루스 렉스는 몸에 비해 큰 머리와 길고 무거운 꼬리를 가지고 있었다. 티라노사우루스 렉스의 뒷다리는 크고 튼튼했던 데 반해 앞다리는 매우 작았다. 가장 완벽한 상태로 남아 있는 티라노사우루스 렉스 화석의 몸길이는 13m에 이르렀으며 엉덩이까지의 높이는 4m였고, 몸무게는 7톤으로 추정된다.

티라노사우루스는 다른 작은 공룡들을 주로 사냥했을 것으로 보이지만 거대한 초식공룡인 용각류 공룡들도 먹이로 삼았을 가능성이 있다. 과학자들 중에는 티라노사우루스가 죽은 동물을 먹어치우는 청소 동물이었다고 주장하는 사람들도 있다.

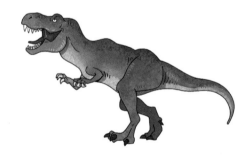

■ 티라노사우루스

처음에 나타난 티라노사우루스의 앞발은 뒷발보다 작기는 했지만 도망치려는 먹이를 움켜쥐기에 충분할 정도로 길고 컸다. 하지만 후대로 갈수록 체구에 비하여 머리가 커지고 앞발은 작아졌다. 따라서 처음에는 앞발로 먹잇감을 움켜잡아서 도망가지 못하게 했지만 후에는 입으로 먹이를 물어서 도망가지 못하게 했을 것으로 보인다.

티라노사우루스속에 속하는 공룡들이 깃털을 가지고 있었다는 확실한 증거는 발견되지 않았지만 비슷한 종의 공룡들이 깃털을 가지고 있었던 흔적을 가지고 있는 것으로 보아 티라노사우루스도 깃털을 가지고 있었을 것이라고 주장하는 사람들이 있다. 몸의 일부에 깃털이 있었을 수는 있지만 몸 전체에 깃털이 났던 것 같지는 않다.

타조 공룡이라고도 불리는 오르니토미무스는 백악기 후기에 북미 대륙에 서식했던 수각류 공룡이다. 오르니토미무스는 세 개의 발가락, 가늘고 긴 팔, 긴 목, 새와 유사한 머리를 가지고 있었고, 타조처럼 빨리 달릴 수 있는 다리도 가지고 있었다. 몸 전체 길이는 약 3.5m 정도이고 체중은 140kg 전후였던 오르니토미무스는 육식공룡이었던 것으로 생각되지만 주둥이 모양의 입에 이빨이 없어 초식공룡으로 보는 사람들도 있다.

가장 먼저 발견된 이구아노돈

☆ 1822년 영국의 맨텔 부부가 커다란 파충류의 이빨 화석을 발견

하고 이구아노돈이라는 이름을
붙였다. 이 동물이 커다란 이구
아나와 같은 모습일 것이라고 생
각했기 때문이었다. 그러나 이것
은 곧 조각류에 속하는 초식공룡
의 이빨이라는 것이 밝혀졌다.

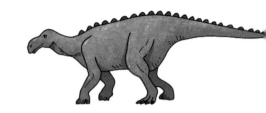

■ 이구아노돈

　이구아노돈은 백악기 전기에 살았던 공룡으로 몸길이는 10m, 몸
무게는 6톤에 달했다. 이구아노돈은 주로 네 발로 걸었지만 육식공
룡한테 쫓길 때는 두 발로 걸었고, 높은 곳에 위치한 나뭇잎을 먹을
때도 두 발로 섰을 것이라 추정된다. 앞발의 발가락에는 뾰족한 발톱
이 나 있다.

등에 골판을 가지고 있던 검룡류

　☆ 등에 골판을 가지고 있던 검룡류 공룡에는 스테고사우루스, 투오
지앙고사우루스, 켄트로사우루스 등이 있다. 스테고사우루스는 쥐라
기 후기에 북아메리카 서부에서 살았다. 2006년에는 포르투갈에서
도 스테고사우루스의 화석이 발견되어 유럽에서도 살았다는 것이 밝
혀졌다. 스테고사우루스는 특유의 꼬리 가시와 골판으로 가장 잘 알
려진 공룡 중 하나이다.

　스테고사우루스는 크고 육중한 체격과 네 개의 짧은 다리를 가진

초식공룡이다. 뒷다리에 비해 짧은 앞다리를 가져 등이 둥글게 굽어지면서 머리가 꼬리보다 땅에 가까운 독특한 자세를 취했다. 네 발로 걸었던 스테고사우루스는 두 줄로 나 있는 연 모양의 골판이 둥근 모양의 등에 수직으로 솟아 있었

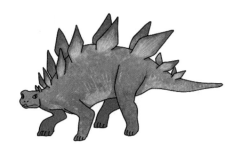

고, 두 쌍의 긴 골침이 거의 수평으로 꼬리 끝 부분에 나 있었다. 골침은 주로 방어 용도로 사용했을 것으로 보이며, 골판은 방어, 과시, 체온조절 등의 용도로 사용했을 것으로 보인다. 커다란 몸에 비해 뇌의 크기는 비교적 작았다. 짧은 목과 작은 머리를 가지고 있었던 스테고사우루스는 낮은 곳에 있는 관목을 주로 먹었던 것으로 보인다.

트리케라톱스가 속한 각룡류

☆ 각룡류에 속하는 공룡들은 독특한 모양의 머리를 가지고 있어 쉽게 알아볼 수 있다. 각룡류 공룡들은 전체 모습이 삼각형에 가까운 머리를 가지고 있었고, 초식공룡이었으며, 부리를 가지고 있었다.

각룡류 공룡들 중에는 두 발로 걸었던 공룡도 있었던 것으로 보이지만 트리케라톱스를 비롯한 몸집이 큰 공룡들은 네 발로 걸었다. 얼굴에는 뿔이 있었고, 목 위로는 커다란 부채 모양의 프릴이 둘러져

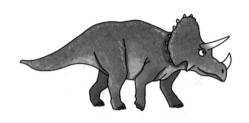

■ 트리케라톱스

있었다. 프릴은 취약점인 목을 포식자로부터 보호하는 역할을 했거나 과시용이었을 것이다. 그러나 체온조절에 이용했거나 턱을 움직이기 위한 근육을 잡아주는 역할을 했을 수도 있다.

각룡류 중에서 가장 널리 알려진 것은 트리케라톱스이며 우리나라에서 발견된 코레아케라톱스도 각룡류에 속한다.

트리케라톱스는 백악기 후기에 북아메리카 지역에 처음 나타난 초식공룡이다. 트리케라톱스는 티라노사우루스와 같은 지역에 살았으며 티라노사우루스의 사냥감이었을 가능성이 크다. 트리케라톱스는 1889년에 처음 발견된 후 많은 연구가 이루어졌다. 2000년에서 2010년 사이에 한 지역에서만 47개의 완전하거나 부분적인 트리케라톱스의 두개골이 발견되었다. 알에서 갓 깨어난 새끼에서부터 성체까지 전 생애에 걸친 화석이 발견되었다.

목 주위에 있는 커다란 프릴과 얼굴 앞으로 나 있어 눈에 잘 띄는 세 개의 뿔은 오랫동안 포식자에 대항하는 방어용 무기일 것이라고 생각해왔다. 그러나 최근 연구에서는 프릴과 뿔이 동종 인식, 짝짓기와 무리 속에서 서열을 보여주는 과시용이었을 가능성이 있다는 주장이 제기되었다.

코레아케라톱스 화성엔시스는 백악기 전기에 살았던 공룡으로 한국에서 발견된 뿔 달린 얼굴이란 뜻으로 코레아케라톱스로 명명되었다. 1994년 시화호 건설 당시 경기도 화성시의 적색 사암층에서 발견되었다. 이융남이 2011년 초에 명명한 원시 각룡류 공룡이다.

박치기 대장 후두류

✿ 박치기 할 때 사용했을 것으로 보이는 머리 위쪽에 있는 단단한 머리뼈로 널리 알려져 있는 파키케팔로사우루스는 백악기 후기에 북아메리카와 아시아에서 살았던 후두류 공룡이다. 이들은 모두 두 발로 걸었으며 초식성 또는 잡식성으로 두꺼운 두개골을 가지고 있었고, 두개골 윗부분에 20cm 두께의 둥근 돔 모양의 머리뼈를 가지고 있었다.

머리 위쪽에 있는 돔은 나무 위에 있는 열매를 떨어뜨리기 위해 박치기를 하거나 다른 파키케팔로사우루스와 싸우거나 적을 물리칠 때 마치 산양들이 싸울 때처럼 박치기를 하는 용도로 사용했을 것으로 보인다. 튼튼한 목 근육과 척추의 연결 모양은 박치기 가설을 지지하고 있다.

갑옷과 꼬리 곤봉으로 무장한 곡룡류

✿ 갑옷룡이라고도 불리는 곡룡류는 네 발로 걸었던 초식성 공룡으

로 몸은 짧고 육중했으며 등은 뼈로 이루어진 둥글거나 사각형 모양의 작은 골편들로 덮여 있었다. 쥐라기 말에서 백악기 초 사이에 처음으로 나타난 곡룡류 공룡들 중에서는 안킬로사우루스가 가장 널리 알려졌다.

공룡들의 경연대회

안킬로사우루스는 백악기 후기에 살았던 공룡으로 미국, 캐나다 등지에서 화석이 발견되고 있다. 안킬로사우루스는 최후의 갑옷 공룡으로 딱딱한 골편으로 이루어진 갑옷이 몸을 뒤덮고 있었고, 가장 강력한 방어 무기인 꼬리 곤봉을 가지고 있었다. 갑옷과 꼬리 곤봉은 육식공룡의 공격으로부터 자신을 보호하는 데 사용했다. 몸길이는 6.25m, 몸무게는 3톤가량 되었을 것으로 추정된다. 안킬로사우루스의 꼬리 곤봉은 매우 강력한 무기여서 육식공룡이 안킬로사우루스의 꼬리 곤봉에 맞으면 크게 다쳤을 것이다.

음지에서 때를 기다리는 포유류

☆ 중생대는 그야말로 크기와 모습이 다른 다양한 공룡들이 지구의 모든 대륙을 지배하던 공룡들의 세상이었다. 그러나 중생대에 공룡들만 있었던 것은 아니었다. 공룡이 지배하던 시대에도 때를 기다리면서 숨어살던 동물들이 있었다. 그들은 포유류형 파충류라고도 부르는 단궁류에서 진화한 포유류들이었다.

페름기 말 대멸종에서 살아남아 중생대에 포유류로 진화한 단궁류에는 키노돈트가 있다. 키노돈트로부터 진화한 포유류가 처음 나타난 것은 트라이아스기였다. 이 시기는 페름기 말 대멸종으로부터 약 2500만 년이 지난 시점이었다.

알을 낳아 부화시키는 파충류와는 달리 포유류는 태반에서 새끼

■ 키노돈트(출처: 위키피디아)

를 키운 후 낳아 젖을 먹여 기른다. 포유류라는 말은 젖을 먹여 기르는 동물이라는 뜻이다. 포유류의 또 다른 특징은 따뜻한 피를 가지고 있어 스스로 체온을 조절할 수 있다는 것이다. 따뜻한 피를 가지고 스스로 체온을 조절하는 동물을 온혈 동물이라고 부른다.

중생대에는 포유류들이 공룡들의 공격을 피하기 위해 주로 밤에 활동했다. 스스로 체온을 유지할 수 있는 능력은 추운 밤에 활동하는 데 도움을 주었다. 보온에 필요한 털을 길렀던 것도 야간활동에 도움이 되었다. 중생대에 살았던 포유류들은 크기가 작았다. 따라서 공룡들의 공격을 피해 좁은 틈에 숨기가 쉬웠다.

밤에 활동하기 위해서는 뛰어난 시력이 필요했다. 빛이 적은 밤에 적응하기 위해 포유류들은 빛에 민감한 시각 세포를 발전시켰다. 고양이와 같은 동물이 어두운 곳에서도 잘 볼 수 있는 것은 중생대에 발전시킨 시력 덕분이다. 포유류들은 또한 청각을 발전시켰다. 어둠 속에서 먹잇감을 찾아내거나 적의 습격을 미리 알아내는 데는 시각보다 청각이 유리했다. 박쥐는 청각을 계속 발전시켜 눈 대신 사용하고 있다.

그리고 포유류들은 냄새를 맡는 능력을 발전시켰다. 어둠 속에서 생활하는 데는 냄새를 잘 맡는 것도 큰 도움이 되었다. 이런 것들은 모두 공룡들이 지배하던 세상에서 살아남기 위해 필요한 것들이었다. 그런 능력들로 인해 포유류들은 새를 제외한 공룡들이 멸종된 백악기 말 생명 대멸종 사건에서 살아남을 수 있었고, 공룡이 사라진 세상에서 지구를 지배할 수 있었다.

쥐라기 공원은
가능할까?

　1993년에 개봉된 영화 쥐라기 공원은 전 세계인들이 감상한 유명한 영화이다. 이 영화는 코스타리카 서해안에 있는 한 섬에 만들어 놓은 공룡 체험 공원에서 벌어지는 일들을 다룬 영화이다. 과학자들은 첨단 유전공학을 이용하여 중생대에 살았던 공룡들을 복제한 후 일반에게 공개하기 전에 안전진단을 위한 시범 관람을 실시하지만, 시범 관람을 하는 동안 예기치 않은 사고로 사람들이 공룡들에게 쫓기면서 일부는 목숨을 잃기도 한다.

　쥐라기 공원의 유전공학 전문가들은 공룡을 어떻게 복제했을까? 공룡을 복제하기 위해서는 공룡의 유전자가 필요하다. 영화 속의 유전공학자들은 공룡의 피를 빨아먹은 후 송진에 잘못 앉았다가 호박이라는 송진 화석 안에 갇혀 있는 모기에게서 채취한 공룡의 피에서 공룡의 유전자를 찾아내 공룡을 복제해낸다.

　그렇다면 이것은 과학적으로 가능한 이야기일까? 우선 화석 안에 있는 모기에게서 공룡의 유전자를 찾아내는 것이 가능할까? 화석은 동물이나 식물의 몸이 돌 안에 갇혀 있는 것이 아니라 동물이나 식물의 몸이 광물질로 바뀐 것이다. 따라서 동물이나 식물의 모습을 하고 있더라도 사실은 생명물질이 아니라 광물질이다. 그러므로 화석 안에서 유전자를 분석해 내는 것은 가능하지 않다.

만약 화석에서 유전자를 찾아낸다면 공룡을 복제할 수 있을까? 먼 미래에는 가능할 수 있을지 몰라도 현재의 기술로는 이것도 가능하지 않다. 현재 우리가 할 수 있는 동물 복제는 수정란에서 유전자를 빼내고 대신 다른 유전자를 넣어 배양시키는 것이다. 그러니까 우리는 유전자를 바꿔치기 하고 수정란이 개체로 성장하는 과정은 알에 맡기고 있다.

따라서 유전자를 구했다고 해도 그것에서 공룡을 만들려면 공룡의 알이 필요하다. 공룡의 알이 아니라 거북이나 뱀과 같은 다른 파충류의 알을 이용하면 어떨까? 아직 우리는 그런 실험에 성공한 적이 없다. 양의 수정란에 양의 유전자를 넣어 양을 복제하고, 개의 수정란에 개의 유전자를 넣어 개를 복제한 적은 있지만 양의 수정란에 개의 유전자를 넣어 개나 양을 복제한 적은 없다.

최근에는 공룡의 후손인 새들의 유전자를 이용하여 공룡을 재현해 내려는 연구를 하는 과학자들이 있다. 얻어내기도 어렵고 얻어낸다고 해도 실제로 발생시키기 어려운 공룡의 유전자를 이용하는 대신 새들의 유전자 가운데 활성화되지 않고 있는 공룡의 유전자를 활성화시켜 공룡을 재현하려는 것이다. 그러나 이런 방법으로 공룡의 꼬리나 다리를 가진 새를 만들어낼 수는 있을지 몰라도 완전한 공룡을 재현할 가능성은 크지 않아 보인다.

11장

포유류 시대

신생대의
주인공은
누구일까?

　우리는 흔히 6550만 년 전 백악기 말 대멸종 사건 이후 현재까지 계속되고 있는 신생대를 포유류의 시대라고 부른다. 중생대에 공룡을 비롯한 파충류에 밀려 음지에 숨어살던 포유류가 신생대에 크게 번성하여 지구를 지배하는 생명체가 되었으므로 신생대를 포유류의 시대라고 하는 것이 크게 잘못된 말은 아닐 것이다.

　그러나 우리가 신생대를 포유류의 시대라고 하는 것은 인류가 포유류에 속해 있기 때문일지도 모른다. 어쩌면 신생대를 포유류의 시대라고 하는 말 속에는 인류가 신생대의 주인공이라고 주장하고 싶은 마음이 숨어 있을 수도 있다. 그러나 신생대 6500만 년 가운데 인류가 지구상에 살아온 기간은 길게 보아 700만 년밖에 안 된다. 현생인류가 나타난 이후만 따진다면 100만 년도 안 된다. 따라서 인류의 시대라고 하기는 좀 그러니까 인류가 속한 포유류의 시대라고 해야하는 게 아닐까?

　한 시대의 주인공은 무엇으로 가려져야 할까? 지구 환경에 미치는 영향력으로 따진다면 지난 1만 년 동안은 단연 인류가 지구의 주인공이었다. 그렇다면 종의 수나 개체수로 따진다면 신생대의 주인공은 누구일까? 종의 수나 개체수가 제대로 파악되고 있지 않은 미생물은 주인공 후보에서 제외하더라도 종의 수나 개체수로 따진다면 인류나 포유류보다 더 유리한 주인공 후보가 많다.

신생대 주인공의 첫 번째 후보는 곤충이다. 중생대에 나타난 속씨식물과 곤충은 밀접한 공생관계를 형성하면서 신생대에 크게 발전했다. 속씨식물은 양치식물이나 겉씨식물을 멀리 따돌리고 신생대 식물계를 주름잡고 있다. 속씨식물이 이렇게 성공을 거둘 수 있었던 것은 곤충과의 긴밀한 협조 때문이었다. 곤충들 역시 속씨식물의 도움을 받으면서 종의 수가 크게 늘어나 현재 지구상에 살아가는 모든 동물 종의 73% 이상을 차지하고 있다. 개체수로 따진다면 이 비율은 훨씬 더 높아질 것이다.

신생대 주인공의 두 번째 후보자는 공룡이다. 백악기 말에 멸종된 공룡이 신생대의 주인공 후보라고 하면 조금 이상하게 들릴지 모르지만 앞에서도 여러 번 이야기했던 것처럼 백악기 말 대멸종에서 모든 공룡이 사라진 것은 아니었다. 수각류 공룡 중 일부는 대멸종을 이겨내고 살아남아 새로 발전했다. 새는 신생대에 큰 성공을 거두었다. 신생대 초 아직 커다란 포유동물이 나타나지 않았던 시기에는 하늘을 날 수 없는 타조와 비슷한 새들이 지구의 최상위 포식자였다.

만약 그때로 돌아간다면 백악기 말에 공룡이 사라진 것이 아니라 새로운 공룡이 나타난 것이 아닌가 생각되었을 정도로 커다란 새들이 많았다. 그러나 신생대 초기를 주름잡았던 커다란 달리기 선수들은 신생대에 있었던 몇 번의 작은 멸종 사건 때 모두 사라졌다. 커다란 지상의 새들이 사라진 후에도 하늘을 나는 새들은 더욱 번성하여 종의 수나 개체 수에서 포유류를 능가하고 있다.

조금 뜻밖이기는 하지만 신생대를 자신들의 시대라고 주장할 또 다른 동물이 있다. 곤충의 일종인 개미가 그 주인공이다. 현재 지구상에 존재하는 동물의 몸무게를 모두 합쳐 주인공을 뽑는다면 개미가 주인공으로 뽑혀야 한다. 어림값이기는 하지만 한 연구 결과에 의하면 개미의 몸무게 합은 사람의 몸무게를 합한 것보다 크다고 한다.

사람의 크기와는 비교도 할 수 없이 작고 가벼운 개미의 몸무게 합이 사람의 몸무게 합보다 크다는 것은 쉽게 납득이 가지 않지만, 그것이 사실이라면 개체 수는 사람보다 수만 배나 더 많을 것이다. 작다고 개미를 만만하게 보아서는 안 될 것 같다.

지구와 생명의 역사는 처음이지?

다른 동물들에게 잘 먹혀들지는 않겠지만 은근히 자신들이 신생대에 가장 성공을 거둔 동물이라고 생각하고 있을 또 다른 동물이 있다. 그것은 대부분의 사람들이 가장 싫어하는 뱀이다. 뱀은 신생대에 크게 번성하여 지구상에서 뱀이 살지 않는 곳이 없을 정도다. 사람들이 뱀을 싫어하는 것은 인류가 지구상에 살아오는 동안 뱀으로부터 많은 공격을 받았고, 그것이 우리 DNA에 기록되어 있기 때문일 것이다.

신생대의 주인공을 자처할 동물들은 이처럼 생각보다 많다. 그러나 지구의 역사를 공부하고 있는 동물은 사람뿐이다. 우리가 어떻게 지구라는 행성에 살게 되었는지를 알아내기 위해 망원경으로 우주를 내다보고 땅속에 묻혀 있는 화석을 파내고 있는 동물은 사람뿐이다. 이런 것이 종의 수나 개체 수 그리고 몸무게보다 더 중요한 것이 아닐까? 우리는 신생대 주인공 자리를 다른 동물에게 양보하고 싶지 않다.

신생대의 온도 변화와 대륙의 이동

☆ 고생대는 약 2억 9000만 년 계속되었고, 중생대는 약 1억 9000
년 동안 계속되었다. 이처럼 지금까지 이야기에 등장하는 연대의 단
위는 억 년이었다. 그러나 신생대는 6550만 년밖에 안 된다. 신생대
는 45억 7000만 년이나 되는 지구의 역사는 물론 5억 4200만 년인
현생누대와 비교해도 아주 짧은 기간이다.

그러나 신생대에도 지구상에는 많은 변화가 있었다. 대륙이 크게
이동했으며, 커다란 산맥들이 만들어졌고, 이에 따라 지구의 기후가
크게 변했다. 이러한 변화들이 이어져 우리가 살아가고 있는 오늘날
의 지구가 만들어졌다. 그리고 신생대에는 식물과 동물들의 세계에
도 많은 변화가 있었다. 수많은 생명체들이 나타났다가 사라졌으며
전혀 다른 모습으로 변했다. 신생대에 있었던 다양한 새로운 생명체
들의 등장은 마침내 인류의 등장으로까지 이어졌다.

고생대나 중생대와 마찬가지로 신생대도 몇 개의 기로 나눈다.
그리고 기는 다시 세라는 더 작은 기간으로 나눈다. 고생대나 중생
대 이야기에서는 기라는 단위를 중심으로 이야기를 했다. 과학자들
은 고생대나 중생대도 기보다 더 자세한 단위로 나누지만 우리 이야
기에서는 기라는 단위로도 충분하다. 그러나 신생대 이야기에서는
세라는 더 작은 시간 단위를 중심으로 이야기하게 된다. 우리와 직접
관련되어 있는 신생대 이야기에서는 더 자세한 시대 구분이 필요하
기 때문이다.

| | | | | | (만 년 전) |

■ 신생대의 시대 구분

　신생대는 팔레오기, 네오기, 4기 등 세 개의 기로 나눈다. 예전에는 팔레오기와 네오기를 합쳐 3기라고 했었지만 지금은 3기를 팔레오기와 네오기로 구분하고 있다. 팔레오기는 다시 팔레오세, 에오세, 올리고세로 나누고, 네오기는 마이오세와 플라이오세로 나누며, 4기는 플라이스토세와 홀로세로 나누고 있다. 각 세의 길이는 과거로 갈수록 길어지고 현재에 가까워질수록 짧아진다.

　신생대 팔레오기의 첫 번째 시기인 팔레오세는 백악기 말 대멸종으로 황폐화되었던 지구가 다시 회복되는 시기였다. 백악기 말 생명 대멸종 사건이 일어나는 기간 동안 하늘을 뒤덮은 먼지 구름은 햇빛을 차단하여 지구 온도가 내려갔다. 그러나 먼지 구름이 사라진 다음에는 화산 활동으로 배출된 이산화탄소의 온실효과로 지구의 온도가 올라가기 시작했다.

　지구의 온도가 올라가자 사라졌던 숲이 나타났다. 적도 지방에서 시작된 숲이 점점 늘어나 팔레오세 말기에는 지구 전체가 숲으로 뒤덮였다. 북극 지방에 있는 그린란드와 남아메리카의 남단에 있는 파

타고니아에서도 야자나무가 자랐으며, 남부 오스트레일리아의 남위 65도인 지역에도 맹그로브 숲이 형성되었고, 유럽 지역에도 열대 늪지대가 만들어졌다. 적도에서 극지방까지 온도 차이도 크지 않았다. 그러나 이렇게 지구의 온도가 높던 시기는 그리 오래 가지 않았다.

팔레오세 다음에 오는 에오세 초기까지는 지구의 온도가 계속 올라갔지만 에오세 후반이 되면서 지구의 온도가 내려가기 시작했다. 올리고세와 마이오세에 온도가 약간 상승했던 시기도 있었지만 플라이오세에 다시 내려가기 시작하여 플라이스토세에는 본격적인 빙하기가 시작되었다. 지구의 온도가 내려가면서 적도 부근의 일부 지역에만 정글이 남게 되었고 나머지 많은 지역은 풀이 자라는 초원으로

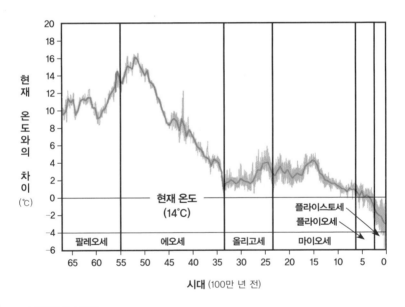

■ 신생대의 온도 변화

바뀌었다. 그리고 극지방에 가까운 곳에는 침엽수와 활엽수로 이루어진 숲이 자리 잡게 되었다.

신생대 기후가 이렇게 변한 것은 여러 가지 원인이 복합적으로 작용했기 때문이다. 그중 하나는 대륙의 이동으로 인해 바다가 없어지거나 생겨나고 해류의 흐름이 달라졌기 때문이다. 고생대 말 페름기에 초대륙 판게아를 형성했던 대륙들이 중생대에 분리되기 시작했다. 처음에는 테티스해를 사이에 두고 북쪽의 로라시아 대륙과 남쪽의 곤드와나 대륙으로 분리되었지만, 신생대가 되면서 로라시아와 곤드와나가 여러 대륙으로 분리되어 현재의 위치로 이동하기 시작했다.

이 과정에서 테티스해가 사라지고 그 자리에 지중해와 흑해, 카스피해가 자리잡게 되었으며 걸프만과 아덴만이 형성되었다. 마이오세 초기에는 지중해가 대서양과 분리되어 염도가 크게 올라가기도 했지만 마이오세 말기에 다시 대서양과 연결되었다. 그리고 지각판의 충돌로 히말라야 산맥, 알프스 산맥, 로키 산맥, 안데스 산맥과 같은 높은 산맥이 만들어졌고, 중앙아시아의 사막들과 아프리카의 사막들이 만들어졌다.

마이오세에는 남극과 오스트레일리아가 분리되어 남극 대륙을 도는 남극 순환 해류가 흐르게 되었다. 이로 인해 따뜻한 바닷물이 남극 대륙에 접근할 수 없게 되자 남극 대륙의 온도가 크게 내려가 많은 얼음이 남극 대륙에 쌓이므로 바닷물의 양이 적어져 지구의 해수면이 크게 낮아졌다. 플라이오세에는 남아메리카와 북아메리카

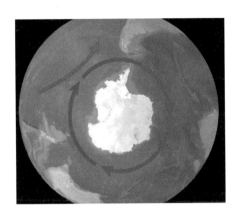

가 파나마 지협으로 연결되어 대서양과 태평양의 해류 방향이 크게 바뀌었다. 이런 변화들은 신생대의 지구 기후 변화에 큰 영향을 주었다.

신생대 기후 변화에는 지질학적 변화뿐만 아니라 지구에 살고 있는 생명체들도 한몫했다. 탄소 동화작용을 하는 식물들은 공기 중의 이산화탄소를 생명물질로 바꾼다. 따라서 숲이 많아지면 공기 중의 이산화탄소의 양이 줄어든다. 생명물질이 분해되면 다시 이산화탄소가 공기 중으로 돌아가지만 분해되지 않고 지하나 바다 밑에 쌓이면 공기 중의 이산화탄소가 회복되지 않는다.

이산화탄소는 온실효과로 지구 대기의 온도를 높여주는 역할을 한다. 신생대 초기에는 화산 활동으로 대기 중에 많이 포함되어 있던 이산화탄소로 인해 온도가 올라갔지만, 전 지구가 정글로 뒤덮인 다음에는 온도가 내려가기 시작했다. 과학자들은 에오세 후기에 지구 기온이 내려가기 시작한 것은 아졸라라고 부르는 부유성 양치식물이 과다하게 증식하여 바다 밑에 많은 생명물질을 쌓아놓았기 때문이라고 생각하고 있다. 이를 아졸라 사건이라고 부른다.

음지에서 양지로 나온 포유류

✿ 지구의 기온이 빠르게 상승했던 팔레오세에는 숲이 크게 늘어나면서 동물 종의 수와 개체수도 빠르게 증가했다.

팔레오세의 정글에는 파충류, 포유류, 양서류, 조류가 신생대 주인공 자리를 놓고 경쟁하고 있었다. 그러나 정글에 살고 있던 동물들은 대부분 작은 몸집을 가지고 있었다. 나무 위에서 생활하는 데 큰 몸집이 불리했기 때문이었다. 이때 포유류들의 몸무게는 10kg을 넘지 않았다. 대부분의 포유동물이 몸집이 작았던 팔레오세에는 하늘을 날지 못하는 커다란 새들이 지구의 최상위 포식자였다. 과학자들은 육식공룡의 후손인 이들을 공포의 조류라고 부른다.

그러나 에오세에 지구의 온도가 내려가면서 전 지구를 뒤덮고 있던 정글이 줄어들고 초원이 나타나기 시작했다. 이에 따라 동물들의 몸집도 커졌다. 나무 위에서 생활하는 데는 작은 몸집이 유리했던 것과는 달리 초원에서는 빨리 달릴 수 있고 적을 쉽게 제압할 수 있는 큰 몸집을 가진 동물이 유리했기 때문이다. 이때 나타났던 큰 몸집을 가진 포유류들은 오늘날 볼 수 있는 동물과는 전혀 다른 동물들이 많았다.

팔레오세 말에 처음 나타나 마이오세까지 오랫동안 신생대 초원을 지배했던 포유류인 크레오돈트는 에오세에 크게 번성했다. 가장 위협적인 포식자였던 크레오돈트의 크기는 매우 다양해 작은 고양이 크기에서부터 몸무게가 800kg이 되는 것도 있었다. 마이오세 말이었던 800만 년 전까지 살았던 크레오돈트가 고양이, 하이에나, 곰과 같은 현대 육식동물들에게 그 자리를 내주게 된 것은 뇌가 작아 낮은 지능을 가지고 있었고 달리기를 잘 할 수 없는 신체 구조 때문이었을 것으로 추정된다.

팔레오세에 나타난 거대한 초식동물에는 판토돈트도 있다. 작은 종의 몸무게는 10kg 정도였지만 큰 종은 몸무게가 500kg이나 되었던 판토돈트는 에오세 중엽까지 살았다. 에오세에는 몸에 갑각을 두르고 육지에 살았던 프리스티캄프수스도 나타났다. 골격 모양이 악어와 비슷해 처음에는 악어로 분류했으나 후에 전신 골격 화석이 발견되면서 물에 사는 악어와는 다른 육지에 살던 악어라는 것을 알게 되었다. 다리를 꼿꼿이 세우고 다녔던 프리스티캄프수스는 물속보다는 육지에서 이동하기 편리한 신체 구조를 가지고 있었다.

우인타테리움은 에오세에 나타난 초식성 포유류였다. 길이가 4m나 되었고 높이는 1.7m까지 자랐던 우인타테리움은 모양이나 크기가 오늘날의 코뿔소와 비슷하지만 코뿔소의 조상은 아니다.

늑대와 비슷한 모습을 하고 있었고 커다란 머리와 강력한 턱을 가지고 있었던 메소니키아는 크기가 다양해 작은 여우 크기에서부터 말 크기까지 자라는 것도 있었다. 일부 과학자들은 메소니키아가 육식동물이었을 것이라고 생각하지만, 잡식성이었을 것이라고 주장하는 사람들도 있다.

에오세에는 현대 포유동물의 조상들도 나타나기 시작했다. 늑대처럼 생겼지만 늑대보다는 컸던 육식동물인 안드류사르쿠스, 코뿔소

를 닮은 초식동물로 크기는 현재의 코끼리만 했던 메가케롭스도 에오세에 나타났다. 에오세에는 오늘날 말의 조상인 개와 비슷한 크기였던 히라코테리움도 나타났다. 돼지만한 크기였던 히라코테리움은 달리기를 잘 했으며 풀과 열매를 먹었다. 지옥 돼지라고도 부르는 엔텔로돈트, 뿔 없는 코뿔소의 사촌인 파라세라테리움, 고래의 조상인 바질로사우루스와 같은 동물들이 활동한 것도 에오세였다.

　에오세는 생명 대멸종 사건으로 막을 내리게 되었다. 지구상에 있었던 5대 생명 대멸종 사건에는 들지 못하지만 에오세 말의 생명 대멸종도 지구 생태계에 큰 영향을 주었다. 이 시기에 대기 중의 이산화탄소 농도가 갑자기 떨어져 온도가 크게 내려갔다. 이런 갑작스런 온도 변화는 바다에 살던 동물들에게 가장 큰 피해를 입혔다. 에오세 말 대멸종의 확실한 원인은 아직 밝혀내지 못했지만, 화산 활동과 운석 충돌이 가장 유력하게 거론되고 있다.

에오세 말에 있었던 생명 대멸종 사건으로 많은 포유류가 멸종되었지만 초원이 더욱 늘어난 올리고세와 마이오세에는 초원에 적응한 포유류들의 몸집이 더욱 커졌다. 이 시기의 초원에는 엔텔로돈트, 매머드나 코끼리보다 키가 작았지만 상아 모양의 발달된 엄니를 가지고 있던 마스토돈, 홀로세까지 생존한 코끼리의 사촌인 매머드, 키가 작고 세 개의 발굽을 가지고 있었던 말의 한 종류인 이퀴드, 지금까지 알려진 것 중 가장 큰 포유류로 초식동물이자 코뿔소의 사촌인 인드리코티어, 그리고 오늘날의 돼지와 비슷한 오레돈트와 같은 동물들이 살았다.

포유류의 분류

✡ 신생대에 본격적으로 다양성이 증가된 포유류는 크게 수아강과 원수아강으로 나눌 수 있다. 원수아강에는 오리너구리가 포함되어 있는 단궁목 하나밖에 없다. 따라서 대부분의 포유류는 수아강에 속한다. 수아강이라는 이름에서 수(獸)는 짐승이라는 뜻의 한자이다.

국어사전에 실려 있는 짐승이라는 단어의 뜻은 네발 동물 중에서 몸에 털이 난 동물 또는 사람이 아닌 모든 동물이다. 따라서 수아강이라는 이름은 네발 동물 중에서 몸에 털이 난 짐승이라는 뜻으로 붙여진 이름일 것이다. 그러나 수아강에 속하는 동물 중에는 코끼리처럼 털이 없는 동물들도 있다. 수아강이라는 이름 대신에 짐승아강이라고 했으면 좀 더 이해하기 쉬웠을지 모르겠다.

수아강에 속하는 동물들은 새끼 주머니를 가지고 있는 유대류와 태반을 가지고 있는 태반류로 나눌 수 있다. 진수하강이라는 이름으로 분류되는 태반류는 다시 코끼리가 포함되어 있는 아프로테리아상목, 완전하지 않은 이빨을 가지고 있는 빈치상목, 로라시아 대륙에서 진화한 포유류인 로라시아상목, 그리고 영장류가 포함되어 있는 영장상목으로 분류한다.

우리 주변에서 볼 수 있는 대부분의 포유류들은 로라시아 상목에 속한다. 로라시아 상목에 속하는 동물들은 사자나 호랑이와 같은 육식성 동물들이 포함되어 있는 식육목, 말과 코뿔소가 포함되어 있는 기제목, 소나 사슴, 양, 기린, 낙타가 포함되어 있는 우제목, 박쥐목, 고슴도치와 두더지가 포함되어 있는 진무맹장목 등으로 분류한다. 바다에 살고 있는 포유류인 고래목도 로라시아 상목에 속한다.

영장상목에는 영장류 외에도 설치류들이 포함되어 있다. 설치류는 쥐목과 토끼목으로 분류한다. 이것은 쥐나 토끼가 로라시아상목에 속해 있는 소나 말, 사자, 개, 고양이보다 생물학적으로 사람에 더 가깝다는 것을 나타낸다.

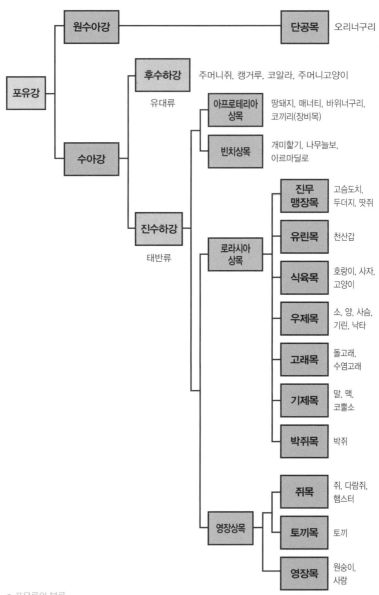

■ 포유류의 분류

지구와 생명의 역사는 처음이지?

바다로 돌아간 포유류

☆ 오늘날 지구상에 살고 있는 포유류 중에서 가장 큰 동물은 바다에 살고 있는 고래이다. 고래가 포유류라는 것은 잘 알려진 사실이지만 소나 말과 같이 짝수 개의 발굽을 가지고 있는 우제류에 속한다는 것은 모르고 있는 사람들이 많을 것이다. 로라시아상목에 속하는 포유류 중에서 발굽을 가지고 있는 동물을 유제류라고 하는데, 유제류는 발굽의 수에 따라 다시 우제류와 기제류로 나눈다.

우제류는 소나 사슴 그리고 돼지처럼 발굽의 수가 짝수인 동물을 말하고, 기제류는 말이나 얼룩말처럼 발굽의 수가 홀수인 동물을 말한다. 오늘날 지구상에는 우제류가 기제류보다 훨씬 많이 살고 있다. 육지에서 바다로 돌아간 고래는 우제류에 속한다. 육지에서 바다로 돌아간 고래목에 속하는 동물과 우제목에 속하는 동물을 합쳐 경우제류라고 부른다. 경은 고래를 가리키므로 경우제류는 고래를 포함한 우제류라는 뜻이다.

초기 유제류들은 초식을 위주로 하면서 부분적으로 육식을 했던 것으로 보인다. 그러나 오늘날에는 발굽을 가지고 있는 포유류인 우제류나 기제류가 모두 초식동물로 진화했다. 그러나 육식이 용이했

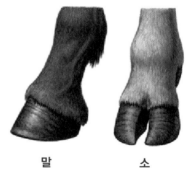

말   소

■ 발굽이 하나인 말은 기제류이고 둘인 소는 우제류이다.

11장 🌐 포유류 시대

273

던 환경과 더 많은 에너지가 필요했던 고래는 육식으로 돌아갔다.

현재 살아있는 우제류 중에서 고래와 가장 가까운 동물은 주로 물속에서 살아가는 하마이다. 하마는 말이라는 의미의 이름을 가지고 있지만 우제류에 속한다. 고래는 하마와 공통 조상에서 에오세 초기에 분리된 것으로 보인다. 육지에서 살아가던 고래의 조상이 바다로 돌아가는 과정은 물속에 살던 육기어류가 육지로 진출하는 것만큼이나 어려운 과정이었을 것이다.

고래의 가장 가까운 사촌 중의 하나가 히말라야 지역에서 살던 고양이 크기 정도의 잡식성 동물이었던 인도휴스이다. 인도휴스는 고래와 하마의 특징을 모두 가지고 있었고, 우제류의 특징인 두 개의

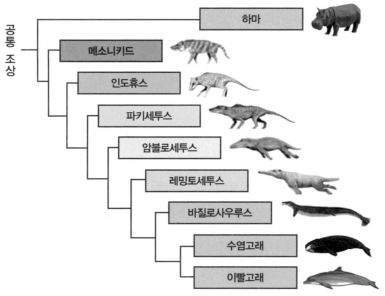

■ 고래의 진화 계통도

발굽을 가지고 있었다. 인도휴스보다 조금 더 고래에 접근한 동물은 고래와 비슷한 두개골 구조를 가진 파키세투스였다. 약 5000만 년 전인 에오세 초기에 살았던 파키세투스의 화석은 파키스탄과 인도의 에오세 초기 지층에서 많이 발견되었다. 이 지역은 에오세에 테티스 해의 해안으로부터 가까운 곳이었다.

과학자들은 산소의 동위원소를 이용한 조사를 통해 파키세투스가 민물가에서 살았다는 것을 알아냈다. 파키세투스는 물을 먹기 위해 물가로 다가오는 육지 동물이나 강에 살고 있던 수중 동물들을 잡아먹었을 것이다. 길고 가는 뒷다리와 짧은 앞다리를 가지고 있던 파케세투스는 헤엄을 잘 쳤던 것 같지는 않지만 밀도가 높은 무거운 뼈는 물의 부력을 이기고 물밑에 가라앉는 데 유리했을 것이다.

약 4900만 년 전에 살았던 암불로세투스는 큰 턱을 가진 악어와 비슷한 모양을 하고 있던 포유류였다. 암불로세투스의 화석은 주로 해안의 얕은 물에서 형성된 퇴적층에서 수중 식물이나 연체동물의 화석과 함께 발견되었다. 방사성 동위원소를 이용한 조사 결과는 암불로세투스가 민물과 바닷물에서 모두 살았다는 것을 보여준다. 따라서 암블로세투스는 민물에서 바닷물로 진출하던 단계에 있던 고래의 조상으로 여겨진다. 육지에서 활동하기에는 불편한 다리 구조를 가지고 있었던 암블로세투스는 물속에서 주로 생활했던 것으로 보인다.

에오세 중엽에 살았던 레밍토세투스는 파키세투스나 암불로세투스에 비해 다양한 종이 발견되고 있다. 얕은 물에서 퇴적된 지층에서 주로 발견되는 레밍토세투스는 민물에 살았던 흔적이 없는 것으로 보아 바닷물에 완전히 적응했던 것으로 보인다.

에오세 후기에 살았던 바질로사우루스는 고래의 모습으로 진화하여 바다에서 완전히 적응했던 동물이다. 바질로사우루스의 화석은 바다에서 퇴적된 지층에서만 발견된다. 적도 지방에 가까운 전 세계 바다에서 살았던 바질로사우루스의 위에서 물고기가 발견된 것으로 보아 바질로사우루스는 현대의 고래처럼 물고기를 잡아먹고 살았던 것으로 보인다.

오늘날의 고래와 매우 비슷한 모습을 하고 있었지만 바질로사우루스는 오늘날의 이빨고래류들이 반사되어 오는 음향을 들을 때 사용하는 기관을 가지고 있지 않았고, 또 작은 뇌를 가지고 있었다. 따라서 이들은 무리를 지어 생활하기 보다는 단독으로 생활했을 것으로 보인다. 바질로사우루스는 4.6m까지 자랐다. 바질로사우루스는 고래에 가깝게 진화했던 동물이지만 오늘날 고래의 직접 조상은 아니다.

오늘날 바다에 살고 있는 고래는 크게 수염고래와 이빨고래로 나눌 수 있다. 수염고래는 위턱에 이빨 대신 달려 있는 수염으로 먹이를 걸러먹는다. 많은 양의 먹이를 걸러먹을 수 있어 충분한 에너지를 확보할 수 있는 수염고래는 일반적으로 이빨고래보다 몸집이 크다. 수염고래가 처음 나타난 것은 마이오세 중엽이었다. 혹등고래, 긴수염고래와 같이 큰 몸집을 자랑하는 고래들은 모두 수염고래에 속한다.

이빨고래는 약 3400만 년 전에 수염고래에서 분리되어 진화했다. 오늘날의 이빨고래들은 시각이 아니라 청각을 이용하여 먹잇감을 사냥한다. 이빨고래들은 여러 가지 파장의 소리를 낸 다음 반사되어 오는 소리를 들어서 물체의 위치를 알아낸다. 반사된 음향을 이용하는 이빨고래는 깊은 바다에서도 먹이를 사냥할 수 있다. 이빨고래의 일종이자 돌고래의 조상인 켄트리오돈트가 처음 등장한 것은 올리고세 후반이었고, 마이오세 중엽에 다양한 종으로 진화했다.

바다로 돌아간 고래는 바다를 지배하는 동물이 되었고, 현재 지구상에 존재하는 동물 중에서 가장 큰 동물이 되었다. 물의 부력으로 인해 큰 몸집이 이동하는 데 문제가 되지 않았고, 먹잇감이 풍부해 큰 몸집을 유지하는 데 필요한 에너지를 쉽게 확보할 수 있었기 때문이다. 그러나 최근에 고래의 개체수가 급격하게 줄어들고 있어 일부 종은 멸종 위기종으로 지정되어 있다. 이 때문에 고래를 보호하기 위한 국제적인 노력이 계속되고 있다.

빙하시대

✿ 1700만 년이나 계속되었던 마이오세와 달리 플라이오세는 270만 년밖에 안 되는 짧은 기간이다. 플라이오세에는 지구의 기온이 다시 급격하게 내려가고 건조한 기후가 계속되었다. 낮아진 기온으로 인해 극지방에 얼음이 쌓이면서 해수면이 낮아져 대서양과 지중해가 분리되었다. 이로 인해 수백만 년 동안 지중해의 해수면이 크게 내려갔고, 중앙아시아의 사막들과 아프리카 사막들이 생겨났다.

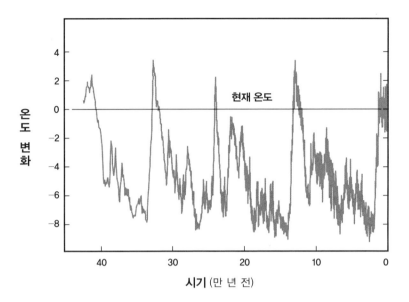

현재 온도

시기 (만 년 전)

■ 지난 40만 년 동안의 지구 온도 변화

파나마 지협으로 남북 아메리카가 연결되어 육지 동물들이 서로 왕
래할 수 있게 된 것도 이 시기였다.

　플라이스토세에는 플라이오세에서부터 시작된 기온의 하락이 계
속되어 본격적인 빙하기로 접어들었다. 장기적인 지구 기후의 변화
에서 특별한 주기성을 찾기는 어렵다. 그러나 플라이스토세의 빙하
기 동안에는 온도가 낮은 빙기와 온도가 비교적 높은 간빙기가 주기
적으로 반복되었다.

　플라이스토세에는 적어도 4번의 빙하가 북위 40도까지 진출하는
빙기가 있었고, 빙기 사이에는 온도가 올라가는 간빙기가 있었다. 이
시기에 아프리카의 건조화가 계속되어 사하라 사막, 나미비아 사막,

칼라하리 사막이 넓어졌다.

최근에 있었던 마지막 빙기는 플라이스토세 말인 12만 5000년부터 1만 4500년 전까지 10만 년 이상 계속되었다. 마지막 빙기가 절정을 이룬 것은 3만 3000년부터 2만 6500만 년 전까지였고, 빙하가 물러가기 시작한 것은 북반구의 경우 1만 9000년 전이었으며, 남극에서는 1만 4500년 전부터였다. 빙기가 절정에 달했던 시기에는 육지에 얼음이 쌓이면서 해수면이 내려가 유라시아 대륙과 북아메리카 대륙이 해수면 위로 들어나 베링해를 통해 연결되었다.

그러나 빙기가 끝난 1만 4500년 전부터 해수면이 크게 상승하기 시작하면서 해수면 위로 드러났던 유라시아 대륙과 북아메리카 대륙을 잇는 육교는 홀로세가 시작되던 1만 1000년 전에 다시 바다 밑으로 사라졌다. 인류는 약 2만 년 전에 바다 위로 드러난 육로를 통해 아메리카 대륙으로 진출했다.

현재 우리가 살고 있는 시기인 홀로세는 간빙기에 해당한다. 현재의 온도는 과거 간빙기의 가장 따뜻했던 시점의 온도보다 2℃ 정도 낮다. 따라서 지구에 다시 빙기가 시작될 가능성이 있다. 지구 온난화의 문제로 전 지구가 시끄러운 요즈음에 빙기가 다시 올 수 있다는 이야기는 조금 뜬금없는 이야기로 들릴 수도 있을 것이다. 그러나 과거에 있었던 기후 변화의 패턴을 보면 다시 빙기가 올 가능성이 크다. 다만 인류의 활동이 지구 기후 패턴을 얼마나 변화시킬 것인지는 알 수 없다.

인류의 활동으로 인한 지구 온난화가 장기적 지구 기후 변화의 패턴 안에서 작은 소동으로 끝나 버리고 빙기가 다시 올 것인지, 아니면 인류의 활동이 지구 기후 패턴을 변화시켜 지구 기온이 크게 상승하는 새로운 추세를 만들어낼 것인지는 알 수 없다. 다만 에오세에 있었던 아졸라 사건은 생명체 활동이 지구 기후를 크게 변화시킬 수 있다는 것을 보여주었다.

플라이스토세 말에 대형 포유류들은 왜 멸종되었을까?

☆ 그동안 발굴된 많은 화석들은 마지막 빙기가 끝나기 직전 또는 그즈음에 모든 대륙에서 많은 거대 포유류들이 멸종되었다는 것을 보여주고 있다. 여기서 거대 동물들은 몸무게가 대략 사람의 몸무게와 비슷한 44kg이 넘는 야생동물을 뜻한다. 유라시아 대륙에서는 10만 년에서 5만 년 전 사이에 직선상아코끼리가 멸종되었고, 5만 년에서 1만 6000년 전 사이에는 코뿔소의 일종인 스테파노리누스, 큰 몸집을 가지고 있던 아시아 영양, 유라시아 하마가 멸종되었다. 거대 사슴은 1만 1500년 전에 멸종되었고, 털이 난 코끼리였던 매머드도 이 시기에 멸종되었다.

초식동물이 멸종되자 초식동물을 먹고 살던 육식동물들도 멸종했다. 강력한 포식자였던 검치호랑이는 2만 8000년 전에 멸종되었고, 유럽표범은 2만 7000년 전에 멸종되었으며, 동굴사자는 1만

1900년 전에 멸종되었다. 이러한 거대 동물의 멸종 사건은 남북아메리카 대륙과 오스트레일리아에서도 일어났으며, 멸종의 영향이 비교적 적었던 아프리카에서도 일부 거대 동물들이 멸종되었다. 하지만 아프리카에는 아직도 코끼리, 얼룩말, 코뿔소, 기린과 같은 야생 거대 동물들이 살고 있다.

그렇다면 플라이스토세 말에 있었던 거대 동물 멸종 사건의 원인은 무엇이었을까? 과학자들은 플라이스토세 말 거대 동물 멸종의 원인으로 네 가지 가능성을 지적하고 있다. 가장 먼저 생각할 수 있는 것이 이 시기에 있었던 급격한 기후 변화이다. 거대 동물이 멸종되던 시기는 마지막 빙기가 계속되던 시기이다. 이 시기에는 단기적인 기후 변화가 극심했다. 따라서 거대 동물들이 기후 변화에 적응하기 힘들었을 것이다. 그러나 빙기가 절정을 이루던 시기에 거대 동물이 더 많이 멸종되었다는 증거가 없다. 따라서 빙기가 거대 동물 멸종의 원인이 아니라고 주장하는 학자들도 있다.

다음으로 생각할 수 있는 것이 질병의 유행이다. 거대 동물들에게 취약한 질병이 전 세계에 퍼졌고 그것이 대량 멸종을 야기했다고 주장하는 학자들도 있지만, 이것을 입증할 수 있는 충분한 증거를 찾아내지는 못했다.

다음으로는 멸종 사건이 일어날 때마다 원인의 하나로 지목되는 거대한 운석의 충돌이 거대 동물 멸종을 불러왔다는 주장도 있다. 운석의 충돌은 지구 역사를 통해 늘 있는 일이어서 이 시기에도 많은 운석이 떨어졌을 것이다. 그러나 거대 동물 멸종과 직접 관련이 있어 보이는 운석의 충돌 흔적을 찾아내지는 못했다.

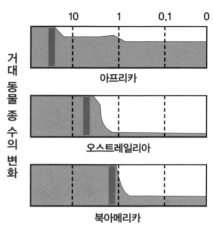

■ 인류의 대륙 진출과 거대 동물 종수의 변화

마지막으로 많은 학자들이 주목하고 있는 원인은 인류의 활동으로 인해 거대 동물이 멸종했다는 것이다. 현생인류의 조상이 아프리카 동부에 처음 나타난 것은 30만 년 전쯤이었고, 아프리카를 떠난 것은 6만 년 전이었으며, 바다 수면 위로 드러난 베링해를 건너 북아메리카에까지 도달한 것은 1만 1000년 전이었다.

인류가 대륙에 나타난 시기와 그 대륙에서 거대 동물이 멸종된 시기를 비교한 과학자들은 현생인류가 그 대륙에 진출한 후 많은 거대 동물이 멸종했다는 것을 알아냈다. 따라서 많은 과학자들은 플라이스토세 말 거대 동물 멸종의 원인을 인류에게 돌리고 있다.

뛰어난 사냥 도구를 가지고 있던 인류가 지나치게 많은 동물들을 사냥하는 바람에 거대 동물이 빠르게 감소하여 멸종에 이르게 되었다는 것이다. 인류 활동 증가로 인한 서식지의 파괴나 환경오염도 거대 동물 멸종을 부채질했을 것이다.

그러나 이 이론의 문제점은 오래 전부터 인류가 살고 있던 아프리카에서는 오히려 거대 동물 멸종이 소규모로 일어난 것을 설명할 수 없다는 데 있다. 일부 과학자들은 오랫동안 인류와 거대 동물이 함께 살아온 아프리카에서는 두 집단이 함께 살아가는 방법을 알고 있었지만 새롭게 인류가 진출한 곳에서는 그렇지 못했다고 설명하고 있다.

인류는 야생 거대 동물이 사라진 곳에 가축을 도입했다. 현재 모든 대륙에는 소, 돼지, 양, 말을 비롯한 많은 가축들이 사육되고 있다. 이로 인해 지구 생태계는 개체의 변이 가능성 그리고 자연의 선택에 의한 생명체의 진화 대신 인류의 선택에 의한 생명체의 진화가 자리잡게 되었다. 거대 야생동물들은 인류의 선택을 받지 못해 사라졌으나 가축들은 인류의 선택을 받아 살아남은 동물들이 되었기 때문이다.

인류세는 어떤 시대로 기록될까?

지금부터 100만 년 후에 고고학을 연구하는 과학자들은 우리가 살고 있는 시기에 만들어진 지층에서 무엇을 발견할까? 그리고 그들은 우리 지층에서 발견된 것을 보고 우리 시대를 어떻게 설명할까?

100만 년 후의 지구 물리학자들은 우리가 살고 있는 시기에 만들어진 지층에서 다른 지층에서는 발견되지 않는 여러 가지 방사성 원소를 찾아내고, 이 시기에 커다란 운석의 충돌이나 원자폭탄의 폭발이 있었을 것이라고 추정할 것이다. 그러나 지층에서 발견된 방사성 동위원소가 운석에 많이 포함되어 있는 원소가 아니라 핵분열 시에 만들어지는 원소라는 것을 알아내고, 이 시기에 많은 원자폭탄 폭발이 있었다고 단정지을 것이다. 그들은 많은 원자폭탄의 폭발이 전쟁에 의한 것인지 핵실험에 의한 것인지를 놓고 토론을 벌일 것이다.

화학자들은 이 시대의 지층에서 많은 양의 플라스틱과 비닐 그리고 콘크리트를 발견하고 이 시대에 갑자기 전에는 없던 새로운 물질이 등장한 이유를 설명하기 위해 여러 가지 이론들을 제시할 것이다. 그들은 이런 물질들이 어떻게 만들어졌는지를 설명하는 다양한 이론들도 만들어낼 것이다.

생물학자들은 우리 시대에 만들어진 지층에서 유난히 많은 닭 뼈를 발견하고 이 시대에 닭이 지구상에 가장 많이 살았던 동물이라고 주장할 것이다. 그들은 닭이 야생 상태에서 살았는지 아니면 인간에 의해 집단적으로 사육되었는지를 놓고 논쟁을 벌이겠지만, 닭 뼈가 인간의 쓰레기와 함께 발견된다는 것을 근거로 인류가 식용으로 닭을 많이 사육했다고 결론지을 것이다. 다른 지층에서 발견되지 않는 이런 것들이 다량으로 발견되는 이 지층이 만들어진 시기를 그들은 다른 시기와 구분해 인류세라고 부르지 않을까?

과학자들 중에는 우리가 살아가고 있는 시기를 다른 시기와 구별해 인류세라고 불러야 한다고 주장하는 사람들이 있다. 그러나 인류세의 시작점을 인류에 의해 거대 동물이 멸종되던 시기로 해야 한다는 사람들도 있고, 18세기에 있었던 산업혁명을 출발점으로 삼아야 한다는 사람들도 있으며, 최초 원자폭탄 실험이 있었던 1945년을 출발점으로 봐야 한다고 주장하는 사람들도 있다.

우리는 인류세 지층에 어떤 흔적을 남기고 있을까?

12장

인류의 등장

두 발로 걸었지만 작은 뇌를 가지고 있었던 루시

미국 시카고대학에서 박사학위를 받고 케이스웨스턴 리저브대학의 교수로 있던 도널드 요한손은 그의 지도를 받고 있던 대학원생의 요청을 받아들여 에티오피아의 하다르 계곡으로 탐사여행을 떠났다. 하다르 계곡에는 많은 화석들이 지표면에 드러나 있어 땅을 깊이 파지 않고도 중요한 화석을 발견할 수 있었기에 간단한 탐사 여행지로는 가장 적당한 곳이었다. 요한손의 탐사팀은 1974년 11월 24일 하다르 계곡에서 유골 하나를 발견했다. 요한손은 그것이 원시 인류의 유골이라는 것을 곧 알 수 있었다.

이것은 커다란 수확이었다. 그들은 비틀즈의 노래를 들으면서 화석의 발견을 축하했다. 그때 그들이 들은 노래의 제목은 하늘에 다이아몬드처럼 빛나는 루시였다. 그들은 자신들이 발견한 화석에 루시라는 이름을 붙였다. 그 후 하다르 계곡 부근에서 루시의 나머지 골격 화석도 발견해 루시를 복원할 수 있었다. 이것은 그때까지 발견된 원시 인류의 화석 중에서 가장 완전한 형태의 화석이었다.

약 320만 년 전에 살았던 루시는 골격이 작은 것으로 보아 여성이었을 것으로 추정되었다. 루시의 키는 1.1m 정도였고, 몸무게는 29kg 정도 되었다. 작은 키에 비해 길고 튼튼한 팔을 가지고 있었던 루시는 두 발로 걸었던 것이 확실했지만, 대부분의 생활은 나무 위에서 했던 것으로 보였다.

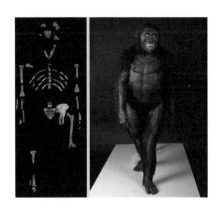

■ 에티오피아 박물관에 보관된 루시의 화석과 복원 모형. 두 발로 걸었으며 작은 뇌와 길고 튼튼한 팔을 가지고 있던 루시는 유인원과 인류의 중간 단계인 오스트랄로피테쿠스 아파렌시스에 속한다.

두 발로 걷는 것이 인류의 가장 중요한 특징이라고 한다면 두 발로 걸었던 루시는 최초의 인류였다. 그러나 큰 뇌를 가지고 있는 것이 인류의 가장 중요한 특징이라고 한다면 현대인들의 3분의 1 크기의 뇌를 가지고 있던 루시는 아직 인류라고 볼 수 없었다. 루시는 인류와 유인원의 특징을 모두 가지고 있었다.

1975년 하다르 계곡을 다시 찾은 요한손 연구팀은 적어도 13명의 것으로 보이는 이빨과 뼈들을 발견했다. 과학자들은 이들에게 최초의 가족이라는 이름을 붙여 주었다. 과학자들은 320만 년 전에 살았던 최초의 가족이 속했던 원시 인류를 오스트랄로피테쿠스 아파렌시스라고 불렀다.

루시의 발견이 중요한 의미를 가지는 것은 루시가 유인원으로부터 인류로 진화하는 중간 단계를 보여주고 있기 때문이다. 진화론의 설명대로 인류가 유인원에서 진화했다면 중간 단계를 보여주는 화석이 발견되어야 했다. 그러나 그때까지 고인류의 화석들과 유인원의 화석들은 많이 발견되었지만 중간 단계를 보여주는 화석은 발견되지 않고 있었다. 그것은 진화론의 치명적인 약점이었다.

인류가 유인원으로부터 진화했다는 과학자들의 설명에 반대하는 사람들은 중간 단계의 화석이 발견되지 않는 것이야말로 진화론이 옳지 않다는 가장 확실한 증거라고 주장했다. 따라서 과학자들에게 유인원과 인류의 중간 단계 화석을 찾아내는 일은 매우 중요한 과제였다. 요한손과 그의 탐사팀이 이 일을 해낸 것이었다. 그들이 하다르 계곡에서 비틀즈의 노래를 들으면서 루시의 발견을 축하했던 것은 이 때문이었다.

그 후 과학자들은 유인원과 인류를 이어줄 중간 단계의 화석을 많이 발견했다. 그들은 이를 통하여 유인원에서 인류로의 진화가 매우 다양한 과정을 통해 일어났다는 것을 알아냈다. 그리고 지난 400만 년 동안에 여러 종의 고인류들이 나타났다가 사라지면서 진화를 거듭한 끝에 우리가 있게 되었다는 것을 밝혀냈다.

그렇다면 우리는 어떤 과정을 통해 유인원으로부터 고인류로, 그리고 다시 인류로 진화했을까? 왜 다른 고인류들은 모두 사라지고 우리만 남게 되었을까?

하나의 종으로 이루어진 인류

☆ 현재 지구에는 약 77억 명의 인류가 살아가고 있다. 그런데 놀랍게도 인류는 생물학적으로 볼 때 모두 같은 종에 속한다. 사람들 중에는 황인종이나 백인종과 같은 단어를 사용하는 사람들도 있지만 그것은 올바른 말이 아니다. 피부색이나 얼굴 모습 그리고 사용하는 언어와 살아가는 방법이 다르더라도 인류는 모두 같은 종이다. 대도시에서 최첨단 문명의 혜택을 받으면서 살아가고 있는 사람들이나 열대우림 한가운데서 외부와 담을 쌓고 자신의 방식대로 살아가는 사람들이나 모두 같은 종이다. 만약 지구에서 인류와 같은 종이 아닌 또 다른 인류가 발견된다면 그것은 아마 가장 큰 뉴스거리가 될 것이다.

우리는 인종이라는 말 대신 민족이라는 말을 자주 사용하는데 민족은 생물학적 분류가 아니라 사회 문화적 분류이다. 다시 말해 같은 민족은 같은 문화와 전통을 공유하는 사람들이다. 따라서 어떤 민족이 다른 민족보다 생물학적으로 우월하거나 열등하지 않다. 개인적인 차이는 있다. 그리고 어떤 민족에게 특정한 분야에서 우수한 자질을 가지는 사람들이 많이 있는 경우도 있다. 그러나 모든 면이 일반적으로 우수한 경우는 없다.

그렇다면 인류는 어떻게 한 인종으로만 구성되어 있을까? 이 질문의 대답은 두 가지 중 하나일 것이다. 하나는 유인원에서 인류로의 진화가 일직선으로 진행된 경우이다. 유인원 중 한 그룹이 고인류로,

그리고 그 고인류가 현생 인류로 진화했기 때문이라는 것이다. 이런 경우에는 곁가지가 나타날 수 없어 하나의 인류만 나타날 수 있다. 또 다른 경우는 유인원에서 현생 인류로 진화하는 동안에 다양한 중간 단계의 종들이 나타났지만 어떤 이유로 다른 종들은 모두 사라지고 현생 인류만 살아남게 되었다는 것이다.

진화 이론상 직선적인 진화는 가능하지 않다. 진화는 기본적으로 다양성을 바탕으로 일어난다. 따라서 인류와 비슷한 또 다른 인류가 지구상에 나타났어야 한다. 그런데도 현재 우리만 존재한다는 것은 우리를 제외한 다른 인류는 모두 사라졌다는 것을 의미한다.

따라서 인류의 진화 과정을 연구하는 고고학자들의 가장 큰 관심사는 과거에 어떤 종의 인류가 등장했었는지, 그리고 그들은 왜 사라지고 현재 우리만 남게 되었는지를 밝혀내는 일이다. 그것은 우리가 어떻게 존재하게 되었는지를 밝혀내는 일이고, 우리가 누구인지를 알아내는 일이다.

우리가 어떻게 존재하게 되었는지를 알아내기 위해서는 출발점에서부터 살펴보아야 한다. 우리는 이미 지구의 형성, 생명의 등장, 포유류가 나타나는 과정, 그리고 포유류에는 어떤 동물들이 속해 있는지에 대해 살펴보았다. 다시 말해 동물계, 척삭동물문(척추동물아문), 포유강, 영장목에 속하는 동물들이 나타나는 과정에 대해서 알아보았다. 따라서 인류가 지구라는 무대에 나타나는 과정에 대한 이야기는 영장목에서부터 시작하는 것이 좋을 것이다.

영장류에서 유인원으로

✿ 영장목에는 450여 종의 동물들이 포함되어 있는 것으로 알려져 있지만 새로운 종들이 계속 발견되고 있어 이 숫자는 좀 더 늘어날 것이다. 영장목에 포함되어 있는 원숭이, 유인원, 여우원숭이, 다람쥐원숭이는 코의 모양에 따라 곡비류와 직비류로 나눈다. 곡비류에 속하는 여우원숭이와 로리스원숭이를 제외한 대부분의 원숭이들은 곧은 코를 가지고 있는 직비류에 속한다. 인류가 포함되어 있는 직비류는 온도가 올라가 지구 전체가 열대 숲으로 덮여 있었던 팔레오세인 약 6000만 년 전에 나타났다.

직비류에 속하는 원숭이들 중 일부가 약 4000만 년 전에 대서양을 건너 남아메리카로 진출했다. 이들이 어떻게 대서양을 건넜는지는 알 수 없다. 일부 과학자들은 바다에 떠있는 나무를 타고 있다가 현재의 브라질 해변으로 밀려왔을 것이라고 생각하고 있다. 이들은 납작한 코를 가지고 있고, 나무에 매달리거나 균형을 잡기 위해 꼬리를 사용하는 원숭이들로 진화했다. 일부 종들은 꼬리만으로도 나뭇가지에 편안하게 매달려 있을 수 있다. 생물 분류학에서는 이들을 광비원류라고 부르는데 신세계 원숭이라는 이름으로 더 잘 알려져 있다.

협비원류에 속하는 원숭이들은 약 2200만 년 전에 긴꼬리원숭이 상과라고도 부르는 구세계 원숭이와 유인원(사람과)으로 분리되었다. 과거에는 구세계 원숭이들이 아프리카, 유럽, 그리고 동남아시아에 이르는 넓은 지역에 살고 있었다. 그러나 유럽에 살고 있던 원숭이들은 180만 년 전쯤에 사라졌다. 구세계 원숭이들은 현재 아프리카와 동남아시아 그리고 일본에 이르는 지역에 살고 있다.

시간이 지남에 따라 유인원은 오랑우탄, 고릴라, 침팬지, 보노보, 그리고 인류로 진화했다. 영어에서는 유인원을 ape라고 부르는데, 유인원이라는 말의 뜻은 '사람 같은 원숭이'이다. 따라서 일상적인 의미에서 사람은 유인원에 포함되지 않는다. 그러나 분류학에서는 인류가 오랑우탄이나 고릴라, 그리고 침팬지와 보노보와 같이 사람과에 속한다. 사람과의 정식 명칭은 호모노이데아(사람과)지만 일반적으로는 유인원(ape)이라고 부른다. 따라서 생물 분류학적으로는 인류도 유인원에 포함된다.

생물학자들은 오랑우탄과 인류의 조상이 1200만 년 전에 분리되었고, 900만 년 전에 고릴라의 조상과 인류의 조상이 분리되었으며, 700만 년 전에는 침팬지의 조상과 인류의 조상이 분리되었다고 추정하고 있다. 원핵생물에서 진핵생물로 진화하는 데 20억 년이 걸렸던 것을 생각하면 침팬지에서 분리된 인류의 조상이 고작 700만 년 동안에 오늘날의 우리로 진화했다는 것은 놀라운 일이 아닐 수 없다.

지구의 역사를 이야기하다 보면 사람마다 연대를 크게 다르게 이야기하는 것을 볼 수 있다. 그것은 고생물학 연구의 성격상 피할 수 없는 일이다. 예를 들어 가장 오래된 원시 인류의 화석이 발견되었고 그것의 연대가 400만 년 전이라는 것이 밝혀졌다고 가정해 보자.

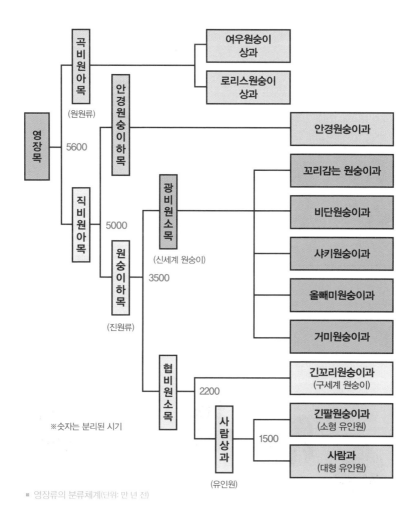

■ 영장류의 분류체계(단위: 만 년 전)

이 화석은 400만 년 전에 원시 인류가 살았다는 것을 보여줄 뿐이지 400만 년 전에 원시 인류가 처음 나타났다는 것을 의미하지는 않는다. 따라서 어떤 사람들은 이 화석을 바탕으로 400만 년 전에 사람의 조상이 처음 나타났다고 이야기하고, 어떤 사람들은 400만 년 이

전에 나타났다고 이야기하기도 하며, 이를 바탕으로 600만 년보다 전에 나타났을 것이라고 추정할 수도 있다. 이처럼 어떤 화석도 처음 나타난 시기를 정확하게 알려주지는 않는다. 처음 나타난 개체가 화석으로 우리에게 발견될 가능성은 크지 않기 때문이다.

두 종의 동물들이 공통의 조상으로부터 분리된 시기는 화석에 나타난 골격이나 신체 기능의 유사성 등을 바탕으로 판단하기도 하지만 현재 살고 있는 종의 DNA를 비교하여 판단하기도 한다. DNA의 변화가 일정한 비율로 일어났다고 가정하면 DNA가 많이 다를수록 오래 전에 분리되었다는 것을 뜻한다. 이런 것을 분자시계라고 한다. 그러나 DNA의 변이가 일정한 비율로 일어난다는 전제가 옳지 않을 수도 있기 때문에 분자시계를 이용하여 결정한 분리 시기가 정확하

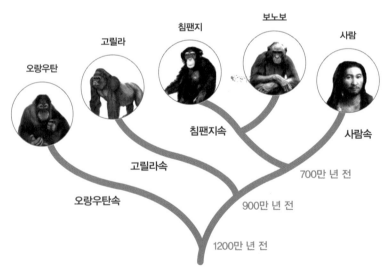

■ 사람과(유인원)의 진화 계통도

지 않을 수도 있다. 그러나 분자시계는 생명체의 진화 과정을 연구하는 과학자들에게 가장 강력한 무기가 되고 있다.

두 발로 걷기 시작한 오스트랄로피테쿠스

✿ 인류의 진화 과정을 밝혀내기 위한 연구를 시작한 사람은 네덜란드의 해부학자 외젠 뒤부아였다. 1859년에 출판된 찰스 다윈의 『종의 기원』을 읽은 후 인류의 기원을 밝혀내는 연구를 하기로 마음먹은 그는 군의관이 되어 당시 네덜란드가 통치하고 있던 인도네시아의 자바 섬으로 갔다. 자바 섬에서 4년 동안 근무하면서 발굴 조사를 하던 뒤부아는 1891년 두 발로 걸은 것이 확실해 보이는 고인류의 화석을 발견했다.

인류가 유인원에서 진화했다는 것을 믿으려고 하지 않았던 당시 사람들은 그가 발견한 화석을 다른 유인원의 화석이라거나 질병으로 기형이 된 사람의 화석이라고 주장하고 고인류의 화석이라고 인정하지 않았다. 그러나 이와 유사한 화석이 중국, 아프리카, 유럽을 비롯해 많은 지역에서 발견되면서 30년이 흐른 다음에야 뒤부아가 발견한 화석이 고인류의 화석이라는 것을 받아들이게 되었다.

뒤부아의 발견 후 고고학자들이 세계 곳곳에서 고인류의 화석을 찾아내 인류가 어떻게 진화하여 현재에 이르게 되었는지를 연구하기 시작했다. 1900년대에 과학자들은 고인류의 화석들과 함께 유인원과 고인류의 중간 단계를 나타내는 화석을 많이 찾아내는 성과를 올렸다. 특히 1974년에 320만 년 전에 살았던 오스트랄로피테쿠스 아파렌시스에 속하는 루시의 화석을 발견한 것은 유인원과 인류의 중간 단계를 밝혀내는 연구의 새로운 전기가 되었다.

오랫동안 과학자들은 인류의 가장 큰 특징으로 두 발로 서서 걷는 직립 보행, 커다란 뇌, 긴 유아기와 같은 것을 꼽았다. 과학자들은 먼저 뇌의 크기가 커졌고 다음에 직립 보행을 하게 되었을 것이라고 생각했다. 따라서 유인원과 인류의 중간 단계를 찾아내기 위해 노력하던 과학자들은 가장 먼저 뇌의 크기를 살펴보았다. 유인원들의 뇌와 인류의 뇌 사이의 크기를 가지고 있는 원시 인류의 화석을 찾아내기 위해서였다.

그러나 오스트랄로피테쿠스 화석의 발견으로 생각을 바꾸지 않을 수 없게 되었다. 오스트랄로피테쿠스들은 두개골과 골반 그리고 관절의 구조로 보아 두 발로 걸었던 것이 틀림없었지만 키에 비해 길고 튼튼한 손을 가지고 있었다. 이것은 오스트랄로피테쿠스가 주로 나무 위에서 생활하면서 필요할 때 지상으로 내려와 두 발로 걸었다는 것을 나타낸다. 그러나 오스트랄로피테쿠스들은 현대인 뇌의 3분의 1 정도밖에 안 되는 작은 뇌를 가지고 있었다. 이는 뇌가 커져서 머리가 좋아진 유인원이 나무에서 내려와 두 발로 걷기 시작한 것이 아니라 나무 위에 살던 유인원 중에서 때때로 땅으로 내려와 두 발로 걷기 시작한 후에 뇌가 커졌다는 것을 의미한다. 오스트랄로피테쿠스는 최초로 두발로 걸었지만 아직 사람보다 유인원의 특징을 더 많

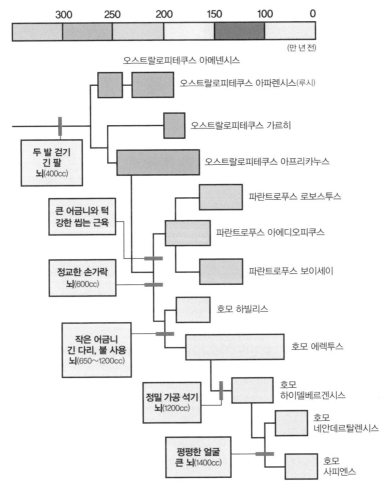

300   250   200   150   100   0

(만 년 전)

오스트랄로피테쿠스 아메넨시스

오스트랄로피테쿠스 아파렌시스(루시)

오스트랄로피테쿠스 가르히

두 발 걷기
긴 팔
뇌(400cc)

오스트랄로피테쿠스 아프리카누스

큰 어금니와 턱
강한 씹는 근육

파란트로푸스 로보스투스

파란트로푸스 아에디오피쿠스

정교한 손가락
뇌(600cc)

파란트로푸스 보이세이

호모 하빌리스

작은 어금니
긴 다리, 불 사용
뇌(650~1200cc)

호모 에렉투스

정밀 가공 석기
뇌(1200cc)

호모
하이델베르겐시스

호모
네안데르탈렌시스

평평한 얼굴
큰 뇌(1400cc)

호모
사피엔스

■ 인류의 진화 계통도

이 가지고 있었다.

루시의 화석이 발견된 후 320만 년 이전과 이후에 살았던 원시 인류의 화석들이 다수 발견되었다. 많은 화석들이 발견되자 과학자

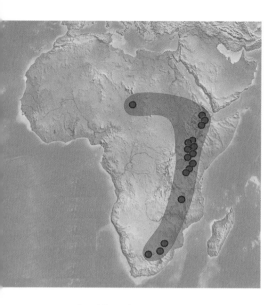

들은 어느 종이 어느 종으로 발전했고, 어떤 종은 멸종했는지를 알아내기 위한 연구를 시작했다. 이것은 인류의 정확한 가계도를 그려내는 작업이었다. 신체적 특징이나 생활방식 그리고 살던 지역 등을 고려하여 종들 사이의 멀고 가까운 관계를 알아내고, 이를 바탕으로 가계도를 그려나가는 것이다. 그러나 그것은 생각처럼 쉬운 일이 아니었다.

■ 오스트랄로피테쿠스와 파란트로푸스의 분포 지역과 유골 발굴 지점

가장 큰 문제는 발견된 자료가 충분하지 못하다는 것이었다. 어떤 경우에는 훼손된 채 남은 두개골 일부가 전부인 경우도 있었고, 치아의 일부만 발견되기도 했다. 일부만 가지고 그 주인공의 모습이나 생활방식을 알아내기 위해서는 과학자의 추론이 가미되어야 했다. 따라서 과학자들마다 조금씩 다른 가계도를 그렸고, 때에 따라서는 전혀 다른 가계도를 그리는 사람도 나타났다. 더 많은 연구가 진행되면 언젠가 확실한 가계도가 만들어지겠지만 그때까지는 새로운 연구 결과가 발표될 때마다 달라지는 가계도로 인해 혼란스러워 해야 할 것이다.

과학자들은 약 400만 년부터 200만 년 전까지 아프리카에 살았

던 유원인을 오스트랄로피테쿠스속과 파란트로푸스속으로 나누고 각각의 속에 여러 종을 포함시키고 있다. 그러나 이들을 모두 오스트랄로피테쿠스속으로 분류하는 과학자들도 있다. 이들은 생물학적으로 볼 때 아직 사람속에 속하지 않는다. 이들은 정확하게 말해 사람과(유인원)에 포함되는 멸종된 속이다.

인류가 등장한 시기를 600만 년 전 또는 700만 년 전이라고 이야기하는 것은 침팬지와 인류의 조상이 분리된 시기를 말하는 것이고, 인류가 400만 년 전에 지구상에 나타났다고 말하는 것은 사람속이 아니라 오스트랄로피테쿠스속이 나타난 시기를 말하는 것이다. 호모라고 부르는 사람속에 속하는 고인류가 등장한 것은 약 220만 년 전이었다.

도구와 불을 사용했던 호모속의 등장

✿ 두 발로 걸었고, 큰 뇌를 가지고 있었으며, 돌로 만든 도구를 사용하였던 호모속에 속하는 최초의 고인류는 220만 년 전쯤에 나타나 150만 년 전까지 동아프리카와 남아프리카에 살았던 호모 하빌리스였다. 이들은 약 800cc 크기의 뇌를 가지고 있었다. 이것은 다른 영장류의 뇌보다 3배 더 큰 것이었으며 오스트랄로피테쿠스의 뇌보다는 2배에 가까운 크기였다. 커다란 뇌를 가지고 있던 이들은 지능이 높아 여러 가지 도구를 만들어 사용할 줄 알았고 기초적인 공동

체 생활을 하기도 했다. 손을 잘 사용할 줄 알았던 사람이라는 뜻을 가진 호모 하빌리스라는 이름에서도 알 수 있는 것처럼 이들은 물건을 정교하게 다룰 수 있는 손가락을 가지고 있었다.

'곧게 선 사람'이란 뜻의 호모 에렉투스는 170만 년부터 10만 년 전까지 아프리카, 서남아시아, 동남아시아, 극동아시아에 이르는 넓은 지역에 분포해 살았다. 1891년에 인도네시아의 자바 섬에서 뒤부아가 발견한 자바원인은 호모 에렉투스였다. 1914년에 중국 베이징 부근에서 발견된 베이징원인, 1936년에 아프리카 탄자니아의 올두바이에서 발견된 아프리칸트로푸스, 1951년에 중국 남전에서 발견된 남전원인 등 세계 각지에서 호모 에렉투스의 화석이 발견되었다.

아시아와 아프리카에서 호모 에렉투스의 화석이 발견되는 동안 유럽에서는 호모 안테세소르, 호모 하이델베르겐시스 등으로 불리는 화석들이 발견되었다. 일부 과학자들은 이들이 아프리카, 유럽, 아시아에 흩어져 살았던 호모 에렉투스종에 속하는 고인류였다고 주장하고 있다. 그러나 다른 과학자들은 이들이 호모 에렉투스와 다른 진화 경로를 밟아 진화한 또 다른 종이라고 주장하고 있다.

호모 에렉투스는 주먹도끼, 돌도끼, 발달된 형태의 찍개와 같은 도구를 사용했다. 그리고 100만 년 전쯤에 남아프리카에 살았던 호모 에렉투스가 불을 사용한 흔적이 발견되었다. 따라서 과학자들은 이보다 이른 시기인 150만 년 전 또는 그보다도 이른 시기부터 불을 사용하기 시작했을 것으로 보고 있다. 불은 위험한 야생동물을 쫓아내는 데 사용할 수 있고, 추운 날씨에 몸을 따뜻하게 할 수 있으며, 음

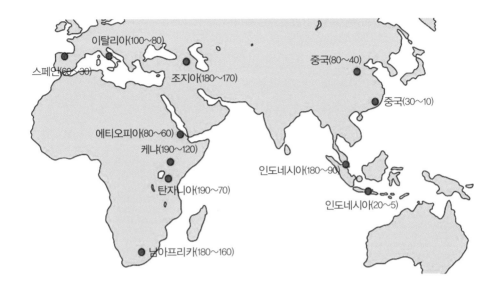

■ 호모 에렉투스 유골 발굴지(괄호 안은 살았던 시기, 단위: 만 년 전)

식을 익혀 먹는 용도로 사용하기 시작했을 것이다. 불을 이용해 익힌 음식을 먹기 시작한 것은 인류의 역사를 크게 바꾸어 놓았다.

과학자들 중에는 인류가 커다란 뇌를 가지게 된 것이 음식을 익혀 먹기 시작했기 때문이라고 주장하는 사람도 있다. 뇌의 무게는 우리 몸무게의 2%에 불과하지만 우리가 사용하는 에너지의 20%를 사용하고 있다. 익힌 음식물은 날 음식물보다 소화와 흡수가 잘 돼 같은 음식물로부터 더 많은 에너지를 얻을 수 있다. 따라서 음식을 익혀 먹게 되면서 더 적게 먹고도 커다란 뇌가 필요로 하는 에너지를 충분히 공급할 수 있게 되어 식량을 구하는 데 많은 시간을 허비할 필요가 없게 되었다. 인류는 많아진 여유 시간에 좀 더 창조적인 일을 하게 되었다. 이로 인해 인류의 뇌가 점점 더 커졌다는 것이다.

호모 에렉투스의 일부는 80만 년 전쯤에 자바와 오스트레일리아 사이에 있는 플로레스 섬에도 진출했다. 플로레스 섬의 환경에 적응한 이들은 세월이 지남에 따라 점점 작아져서 나중에는 키가 1m 정도이고, 몸무게는 25kg 정도밖에 안 되며, 뇌의 크기는 380cc에 불과한 작은 인류가 되었다. 이들의 정식 명칭은 호모 플로레시엔시스지만 호빗족이라는 이름으로 더 널리 알려져 있다. 호빗족은 사람의 체격이 주위환경에 따라 얼마든지 변할 수 있음을 보여주는 좋은 예가 되고 있다.

최근까지 살았던 네안데르탈인은 어디로 갔을까?

✿ 1856년에 채석장 노동자들이 독일 네안데르 골짜기에서 인간의 뼈처럼 보이는 유골을 발견했다. 그러나 이 뼈들은 현대인들의 뼈와는 달랐다. 이 뼈들의 주인공들에게는 네안데르탈인이라는 이름이 붙여졌다. 약 35만 년 전부터 살았던 것으로 보이는 이들의 유골은 유럽과 서아시아의 여러 곳에서 발견되었다.

네안데르탈인들의 뇌는 평균 1500cc로 현대인의 뇌보다도 조금 더 컸다. 이들의 평균 키나 몸무게는 현대인들보다 약간 작았지만 매우 튼튼한 근육을 가지고 있었고 뼈도 굵고 튼튼했다. 그리고 그들은 현생 인류에게는 못 미치지만 상당한 정도의 언어 구사 능력도 가지고 있었던 것으로 보인다.

네안데르탈인들은 먼 곳에서 구한 흑요석과 같이 귀중한 돌을 손질해서 오랫동안 사용하기도 했으며, 황철광으로 만든 부싯돌로 불을 피우는 방법도 알고 있었다. 그리고 그들은 집단을 이루어 살았으며, 환자나 부상자들을 보살펴 주었고, 죽은 이를 매장하기도 했다. 그들은 또한 동물의 뼈나 이빨에 구멍을 뚫어 펜던트(목걸이 모양 장식)를 만들기도 하였으며, 곰의 뼈에 일정한 간격으로 구멍을 뚫어 플루트와 비슷한 악기도 만들었다.

이스라엘의 콰프제 동굴과 같은 곳에서는 네안데르탈인과 현생 인류의 유골과 유물이 동시에 발견되는 것으로 보아 네안데르탈인은 현생 인류와 상당한 기간 동안 공존하면서 기술과 생활방식을 교류했던 것으로 보인다. 그러나 약 4만 년 전부터 네안데르탈인의 수가

■ 네안데르탈인의 분포 지역과 유적 발굴지

급격하게 줄어들기 시작하여 약 3만 년 전에는 대부분 사라졌고 2만 7000년 전에는 완전히 사라졌다.

네안데르탈인들은 왜 사라졌을까? 현생 인류와 네안데르탈인 사이는 어떤 관계가 있을까? 오랫동안 이에 대해 여러 가지 이론을 제기하고 많은 토론을 벌였지만 쉽게 결론을 내리지 못하고 있었다. 그러나 2010년에 독일의 막스플랑크진화인류학연구소의 과학자들이 네안데르탈인의 유골을 분석해 네안데르탈인들의 DNA에 들어 있는 유전정보를 읽어내는 데 성공했다.

그 후 현생 인류의 DNA와 네안데르탈인의 DNA를 비교한 과학자들은 현생 인류가 가지고 있는 DNA의 1% 내지 4%를 네안데르탈인에게서 물려받았다는 것을 밝혀냈다. 그것은 현생 인류와 네안데르탈인 사이에 혼혈이 이루어졌다는 것을 의미하는 것이고, 네안데르탈인의 일부가 현생 인류에 흡수되었다는 것을 나타낸다. 이는 네안데르탈인은 현생 인류와 다른 종이어서 혼혈이 가능하지 않으며, 네안데르탈인이 완전히 사라졌다고 했던 이전의 학설과 다른 결과였다.

그러나 그렇다고 해도 현생 인류에게 남아 있는 네안데르탈인들의 DNA는 4%를 넘지 않는다. 그것은 대부분의 네안데르탈인들이 현생 인류와의 경쟁에서 도태되었다는 것을 의미한다. 한때는 언어를 사용하지 못했던 것이 네안데르탈인이 사라진 중요한 원인이라고 주장하는 사람들도 있었다. 그러나 두개골의 구조와 유전자를 조사한 과학자들은 그들도 상당한 수준의 언어를 사용했을 것이라고 보고 있다. 추위에 잘 견딜 수 있는 튼튼한 신체와 현생 인류보다 먼저 유럽과 서아시아 지역 환경에 적응했던 네안데르탈인들이 사라진 것은 커다란 수수께끼가 아닐 수 없다.

인류 문명을 이룩한 호모 사피엔스

☆ 현생 인류를 생물 분류학적으로는 호모 사피엔스라고 부른다. 호모 사피엔스는 슬기로운 사람들이란 뜻이다. 호모 사피엔스의 기원을 설명하는 이론에는 아프리카 단일 기원설과 다지역 기원설이 대립하고 있다. 아프리카 단일 기원설은 아프리카에서 호모 사피엔스로 진화한 현생 인류가 나타나 전 세계로 진출했다는 것이고, 다지역 기원설은 오래 전에 세계 곳곳에 흩어져 살고 있던 호모 에렉투스들이 서로 다른 경로를 통해 진화한 후 유전자 교환을 통해 하나의 호모 사피엔스를 이루게 되었다는 것이다.

유전자를 비교하여 인류의 계보를 밝혀내는 과학자들의 연구 결과는 아프리카 단일 기원설을 지지하고 있다. 아프리카 단일 기원설에 의하면 아프리카에서 진화한 소규모 호모 사피엔스 집단이 전 세계로 진출하면서 그곳에 살고 있던 네안데르탈인을 비롯한 현지 고인류들의 유전자를 일부 받아들여 현재 전 세계에 살고 있는 다양한 현생 인류가 되었다고 한다.

한때 호모 사피엔스를 호모 사피엔스 이달투, 호모 사파엔스 데니소바, 호모 사피엔스 사피엔스와 같은 여러 아종으로 분류하기도 했었다. 이런 분류에서는 네안데르탈인을 호모 사피엔스의 아종으로 보아 호모 사피엔스 네안데르탈렌시스라고 불렀고, 현생 인류는 호모 사피엔스 사피엔스라고 했다. 그러나 최근에는 호모 사피엔스의 아종이라고 보았던 종들을 독립된 종으로 보고, 현생 인류는 호모 사피엔스라고 부르는 것이 일반적이다.

호모 사피엔스가 처음 나타난 것은 약 30만 년에서 25만 년 전 사이였다. 에티오피아의 오모 키비쉬에서 19만 5000년 전에 살았던 호모 사피엔스의 유골이 발견되었고, 케냐의 굼데에서는 18만 년 전에 살았던 호모 사피엔스의 유골이 발견되었다. 또 16만 년 전에 살았던 호모 사피엔스 이달투의 유골이 에티오피아의 아와쉬에서 발견되었다.

아프리카에서 처음 나타난 호모 사피엔스는 두 번에 걸쳐 아프리카 밖으로의 진출을 시도했던 것으로 보인다. 첫 번째 아프리카 밖 진출은 12만 년부터 6만 년 전 사이에 있었던 것으로, 아마도 13만 년 전에 아프리카에 있었던 오랜 기간 동안 계속된 가뭄으로 사냥감들이 다른 지역으로 이동하자 이들을 따라 아프리카 밖으로 이주했던 것으로 보인다. 그러나 처음 아프리카 밖으로 진출한 호모 사피엔스는 대부분 사라졌다.

모계를 통해서만 전달되는 미토콘드리아 DNA를 분석한 과학자들은 두 번째 아프리카 밖으로의 진출은 7만 년 전에서 5만 년 전 사이에 시작되었다고 보고 있다. 아프리카 밖으로 진출한 호모 사피엔스는 6만 5000년에서 5만 년 전 사이에 동남아시아와 오세아니아

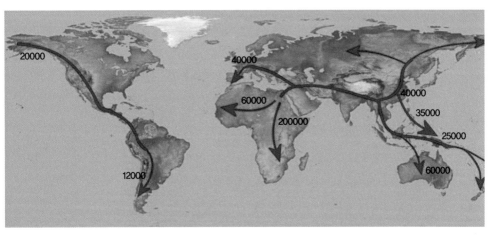

(단위: 년)

■ 호모 사피엔스의 세계 진출 경로와 시기

섬들에 도착했고, 4만 5000년 전에는 유럽, 동아시아와 북아시아에 도착했으며, 4만 년에서 2만 년 전 사이에는 얼어붙은 베링해협을 건너 아메리카에도 진출했다.

인도네시아의 자바 섬에 있는 솔로 강 유역에서 유골이 발견된 5만 년 전에 살았던 솔로인, 4만 5000년 전부터 유럽에 살았던 프랑스 남서부에 있는 크로마뇽 동굴과 이탈리아의 그리말디 동굴에서 유골이 발견된 크로마뇽인, 오스트레일리아에서 4만 년 전에 살았던 멍고인, 약 2만 년 전에 중국 베이징 부근에 살았던 산딩둥인은 모두 아프리카에서 이 지역으로 진출한 호모 사피엔스들이다.

수렵과 채취로 살아가던 호모 사피엔스는 약 1만 1000년 전부터 작물을 재배하고 가축을 사육하는 새로운 생활을 시작했다. 이렇게 시작된 인류 문명은 1만 년 동안에 놀라운 발전을 이룩했다. 인류 문명을 발전시키는 데 걸린 1만 년은 45억 년이나 되는 지구 역사에서 보면 아주 짧은 기간이다. 호모 사피엔스는 이 짧은 기간 동안에 이전에 지구에 살았던 어떤 생명체도 이루지 못한 큰 변화를 이루어냈다.

그러나 인류는 이것으로 만족하지 않을 것이다. 인류는 지금 우주를 바라보고 있다. 지구 중력을 벗어날 수 있는 기술을 이미 개발한 인류는 우주로 진출하기 위한 준비를 착실하게 진행하고 있다. 인류가 아프리카에서 세계 곳곳으로 진출하는 데는 약 6만 년이 걸렸다. 지난 1만 년 동안에 인류가 이루어 놓은 발전을 생각하면 앞으로의 6만 년은 우주로 진출하기에 충분히 긴 시간이다. 호모 에렉투스가 아프리카에서 다른 대륙으로 진출한 고인류였다면, 호모 사피엔스는 지구에서 우주로 진출한 인류가 될 것이 틀림없다.

누가 처음으로 인류를 동물의 한 종으로 분류했을까?

우리는 지금 인류를 동물의 한 종으로 취급하는 것에 별다른 거부감을 느끼지 않는다. 인류가 침팬지와의 공통 조상으로부터 진화했다고 이야기해도 비난받을 걱정을 하지 않아도 된다. 그러나 지금부터 200년 전에는 인류를 다른 동물과는 다른 특별한 존재라고 생각했다. 따라서 인류를 동물의 한 종으로 취급한다거나 인류가 동물과의 공통 조상에서 진화했다고 주장하는 것은 인간의 존엄성을 훼손하는 것으로 간주되어 크게 비난 받을 각오를 해야 했다. 그렇다면 가장 먼저 인류를 동물의 한 종으로 분류한 사람은 누구였을까?

가장 처음 인류를 동물의 한 종으로 분류한 사람은 분류학을 생물학의 한 분야로 발전시킨 스웨덴의 식물학자 칼 폰 린네였다. 근대적 생물 분류체계를 확립해 생물학 발전에 크게 기여한 린네는 1735년에 출판한 『자연의 체계』에서 인류를 동물의 한 종으로 분류체계 안에 포함시켰다. 린네는 사람과 원숭이류 그리고 나무늘보를 안드로포모르파라는 명칭의 목에 포함시켰다. 후에 나무

늘보는 영장류에 포함되지 않는다는 것이 밝혀졌다.

안드로포모르파라는 이름은 인간과 유사하다는 뜻을 가지고 있었다. 린네의 이런 분류는 생물학자들의 반대에 부딪혔고, 신학자들의 강력한 비판을 받아야 했다. 생물학자들은 인간을 인간과 유사하다는 뜻을 가진 이름으로 부르는 것이 적절하지 못하다고 지적했다. 신학자들은 사람을 원숭이나 고릴라와 같은 범주에 포함시킨 것은 영적으로 높은 위치에 있는 인류를 낮은 동물의 수준으로 끌어내리는 것이어서 사람은 신의 형상을 따라 지어졌다는 성경 말씀에 어긋난다고 주장했다.

인류도 안드로포모르파에 속하는 동물의 한 종입니다.

사람을 원숭이나 고릴라와 같이 취급하다니, 이건 있을 수 없는 일이오.

신학자들

린네

린네는 안드로포모르파라는 이름이 부적절하다는 지적을 받아들여 1758년에 출판된 『자연의 체계』 10판에서는 이 이름 대신 현재 사용되고 있는 영장목의 명칭인 Primates(영장류)로 바꿨고, 인간을 이명법에 따라 호모 사피엔스라고 불렀다. 따라서 안드로포모르파라는 명칭은 더 이상 사용되지 않는 이름이 되었다. 이로 인해 린네의 분류체계에 대한 생물학자들의 비판은 줄어들었지만 영혼을 가진 사람을 생명체 분류체계 안에 포함시킨 것은 인간의 존엄성을 크게 훼손했다는 비판을 잠재울 수는 없었다.

린네가 인류를 동물의 한 종으로 분류한 것은 인간이 다른 동물과는 다른 특별한 존재라고 보았던 과거의 생각을 혁명적으로 바꾼 것이었다. 그리고 자연을 바라보는 우리의 관점을 크게 바꿔놓아 100년 후인 1859년에 다윈의 진화론이 등장할 수 있는 기초를 마련했다.

맺는 말

생물학적으로 보면 사람은 다음과 같이 분류할 수 있다.

진핵 생물역	동물계	척삭 동물문	척추동 물아문	포유강	영장목	사람과	사람속	사람종
						(유인원)	(호모)	(사피엔스)

■ 사람의 생물학적 분류

이것은 지금까지 발견된 생명체의 화석, 생명체 구조에 대한 이해, 유전자에 대한 분자 생물학적 분석을 통해 얻어낸 결론이다. 과학적 결론을 신뢰하지 않는 사람들마저도 지난 100년 동안 과학이 이루어 놓은 놀라운 성과를 보면서 과학에서는 지구와 생명의 역사를 어떻게 이야기하고 있는지 알고 싶다는 생각을 한 번쯤 했을 것이다.

과학이 들려주는 지구와 생명의 역사 이야기가 주는 즐거움은 생각보다 훨씬 크다. 아직 완성되지 않은, 어쩌면 영원히 미완성 단계에 머물러 있을지도 모르는 지구와 생명의 역사 이야기를 통해 내가 느낄 수 있었던 즐거움은 그동안 물리를 공부하면서 느낄 수 있었던 즐거움과는 또 다른 것이었다.

지구와 생명의 역사를 이만큼 정리한 것만으로도 주위에서 흔히 볼 수 있는 동물이나 곤충들 그리고 나무나 풀들을 더 많은 관심을 가지고 대할 수 있게 되었고, 내가 그들의 일부라는 것을 실감할 수 있게 되었다. 내가 이 책을 쓰면서 느꼈던 이런 즐거움을 독자들도 느낄 수 있기를 바라면서 지구와 생명의 역사 이야기를 마무리해야겠다.

아직은 어린 지안이, 윤이, 로아가 커서 세상을 이해하는 데 이 책이 도움이 되었으면 좋겠다.

지구와 생명의 역사는 처음이지?

1판 1쇄 발행일 2020년 6월 29일 1판 2쇄 발행일 2021년 12월 31일

글쓴이 곽영직 | 펴낸곳 (주)도서출판 북멘토 | 펴낸이 김태완

편집주간 이은아 | 편집 이경윤, 조정우 | 디자인 책은우주다, 안상준 | 마케팅 최창호, 민지원

출판등록 제6-800호(2006. 6. 13.)

주소 03990 서울시 마포구 월드컵북로6길 69(연남동 567-11) IK빌딩 3층

전화 02-332-4885 팩스 02-6021-4885

ⓘ bookmentorbooks__ 𝐟 bookmentorbooks ✉ bookmentorbooks@hanmail.net

ⓒ 곽영직, 2020

ISBN 978-89-6319-365-6 03450

이 도서의 국립중앙도서관 출판예정도서목록(CIP)은 서지정보유통지원시스템 홈페이지(http://seoji.nl.go.kr)와 국가자료종합목록 구축시스템(http://kolis-net.nl.go.kr)에서 이용하실 수 있습니다.(CIP제어번호: CIP2020024804)